과학사의 뒷얘기 4

과학적 발견

A. 셧클리프 · A. P. D. 셧클리프 지음

신효선 옮김

전파과학사

머리말

저자 중 한 사람은 젊어서 케임브리지에서 과학교사로 있을 때 과학과 기술의 역사로부터 이상한 사건이나 뜻밖의 발견을 한 이야기를 모아보려고 결심했다. 이런 이야기를 모으면 수업의 내용이 풍부해질 것이고 학생들도 재미있어 할 것이라 생각했기 때문이다.

이리하여 틈나는 대로 이야기를 모으는 즐거움이 시작되어 그로부터 44년 동안 즐겁게 계속되었다. 이렇게 모은 이야기가 다른 사람들에게도 마찬가지로 즐거움을 줄 것을 바라면서 아들의 도움을 받아 출판 준비를 진행했던 것이다.

이런 정보를 모으기 위해서는 여러 가지 종류와 형태의 자료를 참조해야 했다. 저서를 이용하도록 허락해 준 여러 저자에게 감사의 뜻을 표하고 싶다.

삽화는 이 책에 흥미를 더해주는데 이는 로버트 한트의 노작이다. 친절한데다 정확성과 예술가로서의 기술을 결합해주었다.

많은 자료를 번역해준 G. H. 프랭클린, 타자 원고를 읽어 준 L. R. 미들턴, J. 해럿, A. H. 브리그스 박사, R. D. 헤이 박사, M. 리프먼 등 많은 동료와 친구들에게 감사의 인사를 드리는 바이다.

또한 R. A. 얀의 건설적인 비평은 특히 참고가 되었다. 인쇄 직전단계에서는 케임브리지 출판부의 많은 이들로부터 유익한 시사(示唆)와 정정(訂正)을 받았다.

A. 셧클리프 · A. P. D. 셧클리프

차례

머리말 3

1. 최초의 압력솥 ·· 11
파팽, 압력솥을 발명 11
압력솥 요리의 시식회 14
다윈, 감자가 덜 삶아지는 까닭을 알아내다 15

2. 유별난 스테이크 굽는 법 ························ 17
빵 굽는 솥 안에 들어간 여자 17
고온 실험실에서의 체험 18
실온만으로도 요리가 되다 20
극심한 추위의 영향 21
2차 세계대전 중의 연구 24

3. 한 접시의 감자 ·································· 27
월터 롤리, 감자를 영국에 도입하다 27
파르망티에, 감자재배를 권장하다 30
맥베스와 독초 33

4. 튤립광시대—양파인가, 튤립의 구근인가? ·············· 37
튤립광과 투기 38
광기는 파산의 홍수와 더불어 끝나다 40
튤립을 먹고 투옥된 선원 40

튤립의 구근을 양파로 착각한 사람들 42

5. 콩에 얽힌 기담 ·· 45

로마의 악령 쫓기 45

피타고라스의 전생설 46

콩과 피타고라스의 죽음 47

완두콩의 기적 50

기적의 완두콩은 어디서 왔을까? 53

6. 애플파이와 열의 전도 ·· 55

입을 덴 람퍼드 55

람퍼드, 대류를 발견 57

파란의 생애 61

7. 병맥주의 효시 ·· 63

맥주의 제조법 63

낚시를 좋아하는 노웰, 재난을 면하다 64

병에 넣은 맥주는 부패하지 않았다 66

병맥주, 대산업으로 발전 68

8. 담배는 만병통치약 ·· 69

니코, 담배의 약효를 선전 69

담배의 효능은 널리 믿어지다 72

만병통치약에서 갖가지 악의 근원으로 73

흡연 선구자들의 수난 75

월터 롤리의 운명 78

9. 보랏빛 속에서 태어나 ···································· **81**
티레의 보랏빛 81
보랏빛은 특권적인 색깔이 되다 83
적출할 남자를 보랏빛으로 식별 85

10. 두 가지 식물염료 ···································· **89**
사프란의 역사 89
사프란을 영국에 도입 91
꼭두서니, 뼈를 물들이다 92
꼭두서니, 뼈의 성장연구를 돕다 95
꼭두서니 재배의 성쇠 96

11. 두 수도승, 누에알을 훔치다 ···································· **99**
누에 발견의 전설 99
명주의 비밀과 명주의 여정 100
황제, 수도승에게 누에알을 훔치게 하다 102
진위를 둘러싸고 105

12. 국왕을 위해 면양을 훔치다 ···································· **107**
에스파냐, 메리노종의 면양을 소중히 지키다 107
메리노, 면양의 개량에 사용되다 109
뱅크스, 메리노를 훔치다 110

13. 정부를 위해 고무의 씨앗을 훔치다 ···································· **115**
고무의 발견 115
머킨토시, 고무를 붙인 방수포를 발명 116

굿이어, 고무의 가황법을 발견   117
위컴, 파라고무의 씨앗을 빼내다   119

14. 음악을 잘하는 못 대장장이 ·········· 125
폴리, 못 만드는 비밀을 훔치다   126
또 하나의 전설   129
폴리의 실상과 허상   130

15. 도기와 자기 ·········· 133
유약의 발견   133
중국도기가 자극이 되다   135
바보짓을 하면서 비밀을 훔치다   136
말의 눈병에서 백자신의 제법을 발견   138
애스트베리의 공적   140

16. 셰필드의 칼 대장장이 ·········· 143
초기의 강철제법   143
핸츠먼, 도가니강철의 제법을 발견   144
워커, 주강의 비밀을 훔치다   145
스테인리스 스틸의 발견   148

17. 현수교 위에서는 발을 맞추지 말라 ·········· 151
현수교의 구조   151
트램펄린과 공진현상   151
1831년의 맨체스터 사건   154
1850년 앙제사건   157

18. 플림솔의 마크―만재홀수선 ··· 161
홀, 해운업계를 비난 161
플림솔, 선박의 개선을 주장 162
명예훼손으로 피소되다 164
의회에서의 폭언이 법안을 통과시키다 165

19. 초기의 증기기관 ··· 167
우스터 후작의 증기기관 167
세이버리의 발명 168
뉴코멘 증기기관 169
개구장이 소년, 오토메이션의 선구자가 되다 172
와트, 복수기를 발명 173
와트, 마력의 정의를 내리다 175

20. 기관차, 길에 나오다 ·· 177
퀴뇨의 엔진 177
머독의 기관차, 목사를 겁주다 178
트레비딕의 기관차 181
세상에 인정되지 않았던 트레비딕 184

21. 탱크의 비밀 ·· 187
탱크의 계획 187
비밀을 지키기 위해 거짓말을 퍼뜨리다 189
탱크의 시험 191
탱크, 전쟁터에 출현 193
최초의 기습을 둘러싸고 197

10

22. 일식, 월식의 공포 ·························· 199

일식, 월식이란?　199
고대인의 공포　200
콜럼버스, 월식을 이용하여 인디언을 복종시키다　202

23. 우리에게 열하루를 돌려다오 ·························· 207

율리우스력의 구조　207
로마 법왕, 그레고리우스력을 정하다　208
영국의 신력 채용　209
개력 선거의 쟁점이 되다　212
지금도 남아 있는 개력의 여파　214

24. 콜럼버스와 달걀 ·························· 217

콜럼버스의 고심　217
콜럼버스, 달걀을 세우다　218
브루넬레스코와 달걀　220

역자후기　225

1. 최초의 압력솥

파팽, 압력솥을 발명

1672년 젊은 프랑스의 과학자 드니 파팽(Denis Papin, 1647~1712)은 프랑스에 있는 것보다는 보람 있는 일을 할 수 있을 것이라 기대하면서 영국으로 왔다. 다행히 그는 그 무렵 원소의 정의와 보일의 법칙으로 가장 유명했던 영국의 과학자 로버트 보일 경(Sir. Robert Boyle, 1627~1691)을 만날 수 있었고 보일은 그를 조수로 채용했다. 파팽은 조수로서 유능한 수완을 발휘하여 여러 가지 발명을 하였기에 얼마 후 왕립학회(Royal Society) 회원으로 선출되었다.

이 학회의 주요 회원들은 종종 모여서 과학의 발견이나 문제를 토론했다. 그런 회합의 한 자리에서 파팽은 새로 발명한 〈압력솥〉으로 직접 요리한 식사를 제공했다. 이 솥은 이런 종류의 장치로는 처음 사용되었지만 매우 잘 가동하였기 때문에 그 후 모든 압력솥은 그가 알아낸 과학적 원리를 기초로 하여 만들어졌다.

파팽은 물이 끓는 온도, 즉 물의 끓는 점은 압력이 증가함에 따라 높아지는 것을 알고 있었다. 그래서 용기에 물을 넣고 밀폐하여 높은 압력이 발생할 때까지는 증기가 조금도 외부로 새지 않도록 장치하고 가열해 보려고 생각했다. 그렇게 하면 용기 안의 물은 100℃보다 높은 온도에서 끓을 것이라고 생각했는데 바로 들어맞았다. 또 많은 식품은 물의 보통 끓는점보다 높은 온도에서 끓이면 빨리 익든가 또는 더 연하게 익을 것으로 생각했는데 그것도 옳았다.

밀폐된 용기로 물을 끓일 때 매우 위험하다는 것은 증기가 밖으로 나가지 못하기 때문에 그것에 미치는 압력이 매우 커지고 끝내는 용기를 산산조각으로 날려버릴지도 모르기 때문이다. 이것을 피하기 위해서 파팽은 그때까지는 알려지지 않았으나 현재는 〈안전밸브〉라고 불리는 장치를 발명했다. 안전밸브는 압력이 안전한계에 도달하기 훨씬 전에 증기가 빠져 나가게 하므로 용기가 파열되는 일은 결코 없다.

파팽은 자신이 만든 용기를 〈다이제스터(Digester)〉(소화하는 것)라고 이름 짓기로 했다. 이 이름을 딴 것은 질긴 고기도 이 솥으로 삶으면 연해져서 소화하기 쉽게 되기 때문이었다. 속에 있는 골수(骨髓)만 먹기 위한 뼈라든가, 그밖에 보통 방법으로 삶아서는 먹을 수 없는 것까지도 높은 압력을 가해 삶으면 먹을 수 있게 되었다. 파팽은 1681년에 이 새 압력솥에 관한 책을 썼는데 다음과 같은 표제가 붙어 있었다. 『새로운 다이제스터, 또는 뼈를 무르게 하는 엔진, 그 제작법과 다음과 같은 여러 가지 경우, 즉 요리, 항해, 제과, 음료, 의약, 염료에 있어서의 사용법의 기술을 포함. 아울러 상당히 큰 엔진의 제작비와 그것이 가져오는 이익의 계산도 첨부』(그 무렵은 책에 이렇게 긴 표제를 붙이는 것은 이상한 일이 아니었다).

이 책에서 파팽은 모든 사람이 요리하며 살고 있기 때문에 요리의 방법을 개량하여 최대한 안전할 수 있도록 항상 노력하지 않으면 안 된다고 지적했다. 그리고 '〈다이제스터〉의 도움으로 가장 질긴 쇠고기까지도 어린 최상품의 쇠고기처럼 연하고 맛있게 할 수 있는 것을 보면' 이제부터는 요리법이 뚜렷하게 개량되리라는 것은 누구도 부정 못할 것이라고 주장했다.

파팽은 〈다이제스터〉로 음식을 요리했다

그는 양의 다리, 갈비, 소의 다리, 늙은 토끼, 비둘기, 고등어, 꼬치고기, 뱀장어, 누에콩, 콩, 여러 가지 과일, 오래된 뼈 따위를 〈다이제스터〉로 삶았을 때 어떻게 되었는지를 기술했다. 예를 들면

『나는 늙은 수토끼를 구했다. 보통 같으면 도저히 먹을 수 없는 것이다. 이 고기를 양념을 하여 〈다이제스터〉로 삶았더니 어린 토끼 고기처럼 맛이 있었고 그 고기국물은 좋은 젤리(Jelly)가 되었다.』

『나는 소뼈를 구했다. 오랫동안 내버려 두어서 딱딱하게 말랐고, 다리뼈 중에서도 가장 딱딱한 부분이었다. 물과 함께 작은 유리포트에 넣어서 포트채로 엔진에서 삶았더니 포트에 좋은 젤리가 생겼다. 그것에 설탕과 레몬즙을 가미했더니 꼭 사슴뿔 젤리와 다를 데 없이 맛있게 먹을 수 있었다.』

압력솥 요리의 시식회

존 에블린(John Evelyn, 1620~1706)은 파팽이 왕립학회회원을 초대한 회식에 참석한 뒤 그의 유명한 일기에 다음과 같이 기록했다.

『1682년 4월 12일, 그날 오후 나는 왕립학회의 몇몇 회원과 함께 저녁식사에 초대받았다. 저녁식사는 생선이나 고기도 모두 파팽 씨의 〈다이제스터〉로 조리된 것이었으며, 가장 딱딱한 소뼈나 염소의 뼈가 물이나 다른 국물을 붓지 않아도 치즈처럼 연하게 되고 14g 이하의 석탄으로 믿을 수 없을 만큼 많은 고기국물이 생겼다. 소뼈로 만든 젤리는 내가 지금까지 보지도 맛보지도 못했을 만큼 투명했고 맛과 향기도 좋았다. 우리는 꼬치고기와 그밖에 다른 생선 뼈를 먹었으나 모두 이빨로 잘 씹혔다. 그러나 무엇보다도 맛있는 것은 비둘기 고기였고 꼭 파이(Pie)에 넣어서 구운 맛이었다. 〈다이제스터〉에 묻었던 물방울 외에는 전혀 물을 넣지 않고 비둘기에서 나온 국물로만 삶은 것이었다. 이런 모든 식품이 가진 자연의 국물이 고형의 물질에 작용하여 가장 딱딱한 뼈까지도 연하게 한 것이다. 이 철학적(지금 같으면 〈과학적〉이라 했을 것을)인 저녁식사는 우리를 매우 유쾌하게 했고 참석자 모두를 매우 기쁘게 해주었다.』*

파팽은 압력솥을 일반에게 널리 보급하기 위해서 저서의 머리말에 다음과 같은 초대문을 실었다.

---

* 브레이편, 《에블린의 일기》; W. Bray, ed., The Diary of Evelyn, 1879

『나는 여러분을 위해 매주 한번씩 이 기계를 사용하겠습니다. 워터레인(Water Lane)의 블랙 프라이어즈(Black Friars)에서 매주 월요일 오후 3시에 시범을 보이겠습니다. 낯선 사람이 뛰어 들어와서 혼란이 일어나는 것을 막기 위하여, 오실 분은 왕립학회회원의 소개장을 가지고 오시기 바랍니다.』

찰스 2세(Charles Ⅱ, 1630~1685, 재위 1660~1689)는 이 발명에 대해 매우 흥미를 나타내어 화이트홀(White Hall)에 있는 왕의 실험실에 비치하기 위해 〈다이제스터〉를 하나 만들 것을 파팽에게 명령했다.

다윈, 감자가 덜 삶아지는 까닭을 알아내다

그로부터 200년이 지난 어느 날, 유명한 생물학자 찰스 다윈(Charles Dawin, 1809~1882)이 항해 도중 남아메리카의 멘도사(Mendoza)에 도착했을 때 몇몇 동료들과 근처의 산에 올라갔다. 그는 높은 곳에서는 대기의 압력이 해면보다 낮은 것을 알고 있었다. 파팽의 〈다이제스터〉 속에서 높은 압력으로 삶은 물질은 물이 끓는 온도가 100℃보다 훨씬 높기 때문에 매우 연하게 익은 것을 생각해낸 덕에 다윈은 동료들이 이상하게 생각하고 있던 사실을 설명할 수 있었다. 그는 그 일을 다음과 같이 썼다.

『우리가 잠잔 곳(고도는 아마 3,300m 이하는 아니었고, 따라서 식물은 매우 드물었다)에서는 대기의 압력이 감소되어 있기 때문에 물은 필연적으로 더 낮은 장소보다도 낮은 온도에서 끓었다. 파팽의 〈다이제스터〉와는 반대의 경우였다. 감자는 끓는 물에 몇 시간을 끓여도 생것과 별로 다를 바 없이 딱딱했다. 그날 밤 밤새 냄비에 불을 지펴놓고 다음날 아침까지 삶아도 감자는 익지 않았다. 나는 두 사람의 동료가 그 까닭을 토론하는 것을 엿들었는데 내용은 이러했다. 즉 그들은 '이 망할 놈의 냄비(그것은 새 것이었다), 감자 따위는 삶고 싶지 않은 거야'라는 단순한 결론을 짓고 있었다.」*

---

* 다윈, 《비글호항해기》: C. Darwin, Journal of Research in the Natural History and Geology of the Countries Visited during the Voyage of H. M. S. Beagle Round the World, 1839

2. 유별난 스테이크 굽는 법

오븐(Oven)으로 식품을 구울 때 요리사가 그 오븐으로 들어
가는 일은 절대 없다. 그러나 18세기에 몇몇의 과학자들은 〈싸
구려 스테이크 고기〉를 들고 그 스테이크가 13분간 '꽤 맛있게
구워질' 정도의 높은 온도로 가열된 작은 방에 들어갔다.

빵 굽는 솥 안에 들어간 여자

18세기의 과학자들은 열과 관계있는 문제를 연구하는 데 많
은 시간을 소비했다. 아주 높은 온도가 인체에 어떤 영향을 미
치는 문제에 특히 흥미를 느꼈다. 그들은 사람의 체온은 평균
36.6℃ 정도인데 이보다 몇 도만 더 높아져도 곧 죽는다는 것
을 알고 있었다. 상승온도가 5℃ 이내라도 생명에 관계되는 일
이 있다.* 또 예를 들면 아주 옛날부터 로마 사람은 뜨거운 물
이 인체에 미치는 영향은 뜨거운 공기의 영향과는 전혀 다르다
는 것을 알고 있었다. 사람은 55℃가 되는 뜨거운 물속에서는
설령 짧은 시간 동안 있었다고 하더라도 매우 고통을 받게 되
지만 같은 온도의 방안이라면 훨씬 긴 시간 들어가 있어도 건
강을 해치는 일은 없을 것이라고 생각했다.

이것은 1760년 로슈푸코(Rochefoucauld)에 사는 두 프랑스
과학자에 의해서 증명되었다. 그들은 곡물에 번식하는 해충을
퇴치하는 방법을 연구하고 있었는데 해충이 붙은 곡물을 큰 오
븐에 넣어서 가열해 보기로 했다. 비용을 절약하기 위해 공영
(公營) 빵공장의 오븐을 빵을 굽고 난 뒤에 쓰기로 허가받았다.

---

* 《과학사의 뒷얘기 3》(생물학, 의학), 3장 참조

우선 두 사람은 오븐 안의 온도를 알기 위해서 삽에 온도계를 얹고 오븐에 넣었다. 그러나 온도계를 끄집어내자 바깥 찬 공기 때문에 눈금을 읽을 새도 없이 수은이 쑥 내려가는 것을 알았다. 오븐을 맡고 있는 공장 처녀가 온도계를 가지고 오븐 안으로 들어가 온도를 읽어주겠다고 말했다. 처녀가 오븐 안으로 들어가고 2분이 지났을 때 과학자 중 한 사람이 걱정하기 시작했으나 이 샐러맨더(Salamander, 불도마뱀, 불속에서 산다고 하는 전설의 괴물)의 여성은 조금도 걱정할 것 없다고 안심시켜 놓고 10분 동안이나 더 오븐에 들어가 있었다.* 온도는 화씨 288°로 물의 끓는점(212°F)보다 훨씬 높았다. 그녀가 밖으로 나왔을 때는 얼굴은 몹시 붉었으나 호흡은 정상이었으며 고통스러운 것 같지도 않았다.

고온 실험실에서의 체험

인간이 고온에 견딜 수 있다는 이 발견은 아주 우연히 이루어졌다. 1775년 매우 뜨거운 공기에 대한 인체의 반응을 연구하기 위해 계획적인 실험이 있었다. 실험에 참가한 사람들은 모두 유명한 사람들로서 왕립학회회원들이었다. 그러므로 그들의 보고에 의심을 품을 수 없었다.

1775년 1월 중에 뱅크스(이하 뱅크스 경, Sir. Joseph Banks, 1743~1820), 블래그든(이하 찰스 블래그든 경, Sir. Charles Blagden)을 포함한 몇몇 신사들은 그때까지 생물이 겨우 견딜 수 있을 것이라고 생각했던 온도보다 훨씬 더 높은 온도까지 공기를 가열하여 그것이 미치는 효과를 관찰하는 실험에 초대

* 《연차기록》; The Annual Register, Vol. XI

받았다. 그들은 모두 그 기회를 가지게 된 것을 기뻐했다. 각
자의 체험으로부터 동물의 몸은 자기 체온보다 훨씬 높은 온
도에서도 견딜 수 있는 놀라운 힘을 갖고 있다고 확신했기 때
문이다.*

 그들이 실험에 사용한 방은 길이 4.2m, 너비 3.6m이었다(보
통 학교 교실은 이것보다 2배 정도 크다). 그 안에 둥근모양의 난
로를 피우고 또 마루 밑을 통하는 연통으로 뜨거운 공기를 실
내로 끌어들여서 가열했다. 방안에는 연통도 공기구멍도 없었
다. 내부의 온도가 거의 물의 끓는점에 이르렀을 때 과학자들
은 옷을 입은 채로 한 사람씩 방으로 들어가 각자 관찰한 것을
보고했다. 그들은 모두 손과 얼굴이 불로 쬐어진 듯이 느꼈고
그중 한 사람은 땀을 흠뻑 흘렸다. 모두 맥박은 빨라졌으나 호
흡의 속도는 정상이었다. 그러나 모든 조건이 보통 실내와는
많이 달랐기 때문에 누구에게나 매우 이상하고 예상 밖의 체험
이었다.

 보통 방안 같으면 체온은 공기의 온도보다 높고 또 실내에
있는 대개의 물체의 온도보다 높다. 예를 들면 겨울에 찬 손에
입김을 불면 입김을 따뜻하게 느낀다. 입에서 나온 공기는 손
의 피부보다 따뜻하기 때문이다. 그러나 공기 중에 잠시 버려
둔 쇠붙이를 만지면 차갑게 느낀다. 쇠붙이는 손보다는 차갑기
때문이다.

 그런데 이 뜨거운 방안에서는 사람의 몸이나 입김의 온도보
다 공기의 온도가 훨씬 높았다. 과학자 중 한 사람이 실내에

---

* 《런던왕립학회 철학 잡지》; Philosophical Transactions of the
Royal Society of London, Vol, VIII

있던 온도계에 입김을 불었을 때 수은주가 몇 도 내려가는 것을 관찰했다. 한 사람은 자기 몸에 손을 대었더니 '꼭 시체처럼 차게' 느껴졌다고 했다. 그는 걱정이 되어 곧 온도계를 혓바닥 밑에 넣고 자기가 정말 '차가워진 것'인지 확인했다. 그러나 기록된 온도는 정상적인 체온이었다. 다른 사람이 시계 줄을 만졌더니 그것은 '아무리 참으려 해도 참을 수 없을 정도로' 뜨거웠다고 한다.

실온만으로도 요리가 되다

1755년 4월 3일, 지난번과 같은 모임에 시포드 경(Lord. Seaforth), 조지 홈 경(Sir. George Home), 그 밖에 두 사람이 더 모여 가열된 방으로 들어갔다. 이번에는 실내 온도가 물의 끓는점보다 높았다. 그들은 「우리는 모두 그 온도에 잘 견디고 체온의 변화를 그다지 느끼지 않았다」고 말했다.*

그들은 방에 있는 동안에 방의 〈더운 정도〉가 거의 오븐의 온도와 같은 것을 보여준 재미있는 요리실험을 몇 가지 했다. 어떤 일이 생겼는지는 그들의 말을 빌리는 것이 가장 좋겠다.

「우리는 놋쇠쟁반 위에 달걀 몇 개와 비프스테이크를 하나 놓았다. 약 20분 후에 달걀을 쟁반에서 꺼냈다. 그것은 완전히 딱딱하게 삶아졌다. 47분 후에는 스테이크가 구워진 것은 물론 거의 바삭바삭해졌다. 또 다른 비프스테이크는 33분이 되니까 너무 구워졌다. 같은 날 밤 열이 아직 식지 않았을 때 싸구려 비프스테이크를 같은 장소에 넣었다. 그때까지 뜨거운 공기를 움직이면 효과가 훨씬 증가하는 것을 관찰하였기 때문에 우리는 한 쌍의 풀무로 스테이크에

---

* 《철학 잡지》

실온만으로도 달걀이 삶아지고 스테이크가 구워졌다

바람을 보냈더니 고기 표면이 눈에 보이도록 변화를 보이며 빨리 구워지는 것 같았다. 고기의 대부분이 13분 만에 잘 구워졌다.」

극심한 추위의 영향

이 높은 온도를 체험한 사람 중 뱅크스는 그보다 훨씬 전에 극심한 추위를 체험한 일이 있었다. 그는 젊은 식물학자로서 쿡 선장(James Cook, 1728~1779)이 이끈 최초의 세계 일주 항해에 참가했다. 탐험대가 남아메리카대륙의 끝 티에라 델 푸에고 군도(Tierra del Fuego)에 도착하였을 때 뱅크스는 두 사람의 흑인 일꾼을 포함한 일대를 인솔하여 새 식물을 찾아 산으

22

로 올라갔다. 또 다른 식물학자 솔런더 박사(Daniel Charles Solander, 1736~1782)도 동행했다. 이 사람은 카를 폰 린네 (Carl von Linné, Carolus Linnaeus, 1707~1778)*의 학생으로 있을 때 스웨덴의 산악지방에서 오래 산 경험이 있었다.

그날 아침은 맑게 개여 있었으므로 매우 험준한 지형을 넘어 전진했다. 그러나 오후가 되자 얼음과 같이 몸에 스며드는 바람이 살을 저미는 눈보라와 함께 불기 시작했다. 솔런더는 스웨덴의 추운 산의 체험을 통해 극심하게 추울 때는 피로하면 졸려서 못 견디게 된다고 일러 주었다. 그는 대원들에게 몸을 계속 움직이도록 경고하며 「앉으면 틀림없이 잠이 온다. 잠이 들면 두 번 다시 눈을 못 뜰 것이다」 라고 말했다.

기온은 더욱 내려갔고 솔런더 박사는 자신이 말한 경고에도 불구하고 맨 먼저 눈 위에 누워버렸다. 동료들은 그가 잠들지 못하도록 무척 애썼다. 일꾼인 리치먼드(Richmond)도 눕고 싶어 했다. 불을 피우기 알맞은 곳을 찾아 일행이 먼저 떠나자 두 사람도 따라 가겠다고 했다. 그러나 겨우 몇 발자국 옮기고는 두 사람 모두 더 이상 걸을 수 없다고 했다. 그 뒤에 일어난 일을 대원 중 한 사람은 다음과 같이 회상하고 있다.**

「그들에게 여기에 이대로 가만히 있으면 곧 얼어 죽는다고 일러 주었으나 그는 너무나 지쳤기 때문에 죽음은 오히려 자신에게 구원이 된다고 말했다. 솔린더 박사는 가고는 싶지만 '일단 조금 자야지' 하면서 얼마 전 자기가 동료들에게 말한 충고와 반대되는 고집

* 《과학사의 뒷얘기 3》(생물학, 의학), 12장 참조
** 《쿡선장의 세계일주항해》; Captain Cook's Voyages Round the World, 1786

두 사람은 일어나지 않았다

을 부렸다. 두 사람 모두 꼼짝도 않고 앉아서 잠들어 버렸다.」

그때 선발대에서 불과 400m떨어진 곳에 장작불을 피워 놓았다는 소식이 들려왔다.

「그래서 뱅크스 씨는 박사를 일으켰으나 앉아 졸기 시작한지 불과 몇 분도 안 되어 벌써 손발이 말을 듣지 않았다. 그는 가야 한다고 나섰다. 그런데 일꾼은 아무리 손을 써도 효과가 없다는 것을 알았다. 그는 옴짝달싹도 하지 않았기 때문에 부득이 일행은 선원 한 사람과 또 다른 일꾼을 시중하도록 남겨놓고 가는 수밖에 없었다.」

그들은 무척 애를 먹으며 솔린더 박사를 장작불 옆으로 데리

고 왔다. 그 뒤 몇 사람이 리치먼드와 동료들이 있는 곳으로
돌아왔다. 리치먼드는 걸을 수 없었고 같이 걸어가기를 싫어했
다. 또 다른 사람은 실신하여 땅 위에 넘어져 있었다.

『그들을 장작불을 피운 곳까지 데리고 오려는 노력은 헛수고가
되고 말았다. 또 그곳에서 불을 피우는 것도 눈 때문에 불가능했다.
그래서 불행한 그들을 그대로 남겨 놓고 천명에 맡기는 도리밖에
없었다.』

2차 세계대전 중의 연구

극단적인 고온을 연구한 18세기 과학자들은 절박하게 해결해
야 할 문제를 지니고 있었던 것은 아니다. 그러나 2차 세계대
전 중 높은 온도가 인체에 미치는 영향을 연구하는 것은 매우
중요했다. 전투 중 많은 군인이 높은 온도에 견디어 나가지 않
으면 안 되었기 때문이다.* 열대지방의 바다를 항해하는 영국
해군의 장병들은 좁고 뜨거운 엔진실이며 보일러실, 또는 포탑
(砲塔) 안에서 일해야 했다. 육군병사들은 햇볕아래 70℃나 되
는 사막에서 싸워야 했다. 또 영국해군이나 연합군은 익숙한
온도보다 훨씬 고온인 정글에 들어가 싸워야 했다.

과학자들은 전쟁터에서 일어나는 각종 문제에 관해서 연구했
다. 그리하여 높은 온도로 가열되는 방이 특별히 세워졌다. 지
원자들이 그 안에서 길고 짧은 여러 가지 실험에 참여했다. 어
떤 사람은 그 안에서 일을 하고 그 결과 소비되는 에너지의 양
을 측정했다.

---

* 《영국 의학 잡지》; British Medical Bulletin, 1947~1948

인체가 강한 힘을 쓰고 있을 때는 열을 잃지 않는 한 체온은 상승한다. 인체는 정상적인 상태에서는 네 가지 방법에 의하여 열을 잃는다. 전도에 의한 방법, 대류에 의한 방법, 복사에 의한 방법, 증발에 의한 방법이다. 처음 세 가지 방법 가운데서 열을 잃게 되는 데는 주위의 공기가 체온보다 차가워야 한다. 그렇다면 뜨거운 방안에서 인체가 열을 빼앗기는 방법은 증발에 의한 단 한 가지 방법밖에 없다. 과학자들은 땀의 증발에 깊은 관심을 돌리게 되었다.

피부의 표면 근처에는 많은 땀샘이 있어서 뜨거운 방안에서는 그 활동이 매우 활발해진다. 땀의 주성분은 소금이며 뜨거운 실내에서는 땀의 수분의 일부가 증발한다. 물을 증기로 바꾸려면 열이 필요하며 땀이 증발하면 열이 몸에서 달아난다. 몸이 열을 빼앗기면 물론 전보다는 차가워진다. 그러나 작고 밀폐된 뜨거운 방안에서는 곧 공기가 수증기로 가득 찬다. 즉 포화된다. 그렇게 된 뒤에는 땀이 더는 증발하지 않는다.

전쟁 중 과학자들은 뜨거운 방안에서 사람이 작업을 하는 속도를 연구했다. 그들은 사람이 심한 일을 계속하려면 땀을 많이 흘리는 것이 필요하나 30분 이상 땀을 계속해서 많이 흘릴 수 없고 30분 이내라도 미리 훈련받지 않으면 해낼 수 없다는 것을 알아냈다. 또 사람에 따라서는 땀을 흘리는 것도, 고온 속에서 할 수 있는 일의 양도 뚜렷하게 다른 것을 알아냈다. 또 사람이 고온의 실내에 처음 들어갔을 때에는 그다지 땀을 흘리지 않지만 몇 번 들어간 뒤에야 비로소 〈충분히〉 땀을 흘리게 되는 것도 분명해졌다.

18세기 과학자들이 뜨거운 방에 들어갔을 때 몸의 반응이 사람에 따라 서로 달랐다는 것을 생각해 보자. 흠뻑 땀을 흘린 사람은 한 사람 뿐이었다. 전시연구의 결과에서 보아도 다른 사람들이 땀을 많이 흘리지 않았던 것은 처음으로 뜨거운 방에 들어갔기 때문임을 알 수 있다. 그러나 그들이 오랫동안 머물러 있었다면 땀을 흘리는 비율이 증가되어 소금물이 털구멍으로 다 증발할 수 없을 정도의 속도로 방출됐을 것이다. 증발로 빼앗기는 열은 점점 적어져서 체온은 상승해 갔을 것이다. 다른 생리적 영향도 함께 일어나서 최후에 도달하는 결과는 죽음이었을 것이 틀림없다.*

---

* 《과학사의 뒷얘기 3》(생물학, 의학), 3장 참조

3. 한 접시의 감자

에스파냐 사람이 아프리카를 발견하였을 때 그곳에는 전에 보지 못했던 여러 식물들이 자라고 있는 것을 보았는데 그중 하나가 감자였다. 얼마 후 이 식물은 유럽에 도입되었으나 어느 때인지는 확실하지 않다. 이 식물에 대한 초기의 역사가 뒤죽박죽이기 때문이다. 16세기의 저술가들은 종류가 다른 두 가지의 감자—메꽃과에 속하는 고구마와 가지 과에 속하는 감자—를 구별하지 않았다.

이 장에서는 감자에 대해서 얘기하겠다. 감자는 땅속에 먹을 수 있는 둥그스름한 줄기를 만든다. 작은 흰색의 꽃이 모여서 핀 후에 수정하면 물기가 많은 녹색의 둥근 열매가 달린다(보통은 그다지 열매를 맺지 않는다).*

월터 롤리, 감자를 영국에 도입하다

어떤 에이레의 전설에 따르면 감자를 영국에 도입한 사람은 월터 롤리 경(Sir. Walter Raleigh, 1552~1618)**으로서 그는 최초로 감자를 구한 장소 이름을 따서 〈버지니아(Virginia)〉라고 불렀다. 버지니아는 미국 해안에 있는 지방으로 처녀(버진, Virgin) 왕 엘리자베스를 칭송하여 그렇게 불렀다. 롤리 경은 이 지방에 특별히 관심을 갖고 무료로 토지를 제공하여 그곳에 영국의 식민지를 건설하려고 노력했다. 그러나 그의 노력은 성

---

* 《유전학 잡지》; Journal of Heredity, 1925
** 탐험가, 저술가로 엘리자베스 1세(Elizabeth I, 1533~1603, 재위 1558~1603)의 총애를 받았으나 나중에 사형됨, 8장 참조

28

공하지 못했고 이주하려던 많은 사람은 실망하며 영국으로 되돌아갔다. 그들 대부분은 드레이크(Sir. Francis Drake, 1540~1596)가 유명한 세계 일주 항해(1577~1580)를 마치고 돌아갈 때 함께 귀국했다.

롤리는 감자를 에이레(Eire, Ireland)에 있는 자기 집에서 심기로 했다. 그의 저택은 코크(Cork)주 유헐(Youghl)의 매너 하우스(Manor House)에 있었다. 감자 몇 개를 정원사에게 주었더니 정원사는 먹을 수 있는 부분을 과일*이라고 생각했다. 다음은 그의 이야기이다.

『8월에 그 풀은 꽃이 되고 9월에는 열매를 맺었다. 그러나 그 열매는 정원사가 예상했던 것과는 달랐기 때문에 화가 난 나머지 뽑아들고 주인에게 와서 '이것이 그 멋진 아메리카의 과일입니까?' 하고 물었다. 월터 경은 사실을 전혀 몰랐는지 또는 일부러 모르는 척하였는지 모르겠으나 열매를 먹어보고 정원사에게 그런 〈쓸데없는 풀〉은 파내 버리라고 명령했다. 정원사는 명령받은 대로 파냈더니 약 1부셸(Bushel, 부셸은 62파운드, 약 28.1㎏, 약 두말)의 감자가 딩굴딩굴 나와서 깜짝 놀랐다. 그것을 먹어 보았더니 이것이야말로 이 식물의 먹을 수 있는 부분임을 곧 알 수 있었다.』**

또 다른 전설에 따르면 감자를 처음으로 영국에 도입한 것은 롤리가 틀림없으나 최초로 심은 곳은 에이레가 아니고 잉글랜드의 시드머드(Sidmouth)였다고 한다. 롤리는 거기서 최초의 감자를 키우는 푸른 잎을 조금 따서 엘리자베스 여왕에게 선물

---

* 그는 그것을 '애플(Apple)'이라고 불렀다.
** 스미드, 《코크 주와 코크 시의 옛날과 현황》; C. Smith, The Ancient and Present State of the County and City of Cork, 1774

롤리는 「아- 아메리카의 맛있는 과일이 이것이구나」 하고 감자
의 열매를 보았다

로 보냈다. 여왕은 그것을 먹고 중독되어 거의 죽을 지경에 이
르렀기 때문에 롤리는 즉시 대역죄의 혐의로 체포되었다.

영국제도에 감자를 도입했다는 사람은 또 있으나 롤리가 에
이레의 감자재배와 깊은 관계가 있는 것은 의심할 여지가 없
다. 그로부터 약 200년이 지나서 심각한 감자의 기근*이 일어
났다. 그 무렵 감자는 「롤리의 운명의 선물」이라고 불렸다. 독
일에서는 또 한 사람의 유명한 엘리자베스 시대의 항해자 프랜
시스 트레이크를 유럽에 감자를 도입한 사람으로 여기고 있다.
그래서 독일 사람들은 바덴(Baden)에 가까운 오펜부르크
(Offenburg)에 드레이크의 동상을 세웠다. 동상에는 「처음 감자
를 유럽에 도입한 사람」이란 말이 새겨져 있다. 이 동상은 2차

* 《과학사의 뒷얘기 3》(생물학, 의학), 17장 참조

세계대전 중에 독일 나치(Nazis)의 손에 의해서 없어졌다.

파르망티에, 감자재배를 권장하다

감자는 먼저 에이레에서 식용으로 널리 이용되었으나 잉글랜드에서는 17세기 중엽이 될 때까지 일반에서는 재배되지 않았다. 그때까지 감자는 영국뿐만 아니라 대륙의 여러 나라에서도 많은 편견에 부딪쳤다. 여러 곳에서는 독이 있는 뿌리로 취급되었다. 스코틀랜드 사람(Scotland)은 이름이 성서에 나오지 않는다는 이유로 죄 많고 불결한 식물로 생각했다. 스코틀랜드에서 감자가 대규모로 재배된 것은 18세기에 들어서도 상당히 후반의 일이다.*

영국 병사들이 루이 14세(Louis XIV, 1638~1715, 재위 1643~1715) 시절 프랑스와 전쟁 중에 감자를 플란더즈(Vlaanderen, Flandre) 지방에 도입하여 프랑스에 널리 퍼졌다고 한다. 처음에는 프랑스 사람 다수가 감자를 먹으면 문둥병에 걸린다고 믿었으며, 처음으로 감자를 재배한 사람은 자기가 심은 감자로 돌팔매질을 당했다. 그러나 뛰어난 프랑스의 정치가 튀르고(Anne Robert Jacques Turgot, 1727~1781)는 자신의 영토에 감자 재배를 장려했다.

『곧 프랑스 왕국 전체가 이 새로운 식품을 즐길 수 있는 희망이 생겼다. 그러나 일부 의사들은 감자에 대하여 새로운 죄를 씌우기 시작했다. 이번에는 문둥병이 아닌 열병을 일으킨다는 것이었다.』**

튀르고가 감자 변호에 강력하게 지원한 것은 앙트완 오귀스

---

* 핑크, 《감자》; J. Pink, Potatoes, 1899
** 《과학리뷰》; Revue scientifique, 1918

국왕 루이 16세에게 단추 구멍에 장식할 감자 꽃다발이 전해졌다

탱 파르망디에(Antonie Augustin Parmentier)라는 약사의 노력 덕분이었다. 파르망티에는 7년 전쟁(1756~1763) 중 병사로 전쟁터에 나가 프로이센(PreuBen, Prussia) 군의 포로가 되어 감옥에 있을 때 거의 감자만 먹었다. 이 체험에서 그는 식량이 부족할 때는 감자가 얼마나 유용한지를 알게 되었다.

1771년 프랑스의 한 학회가 기근이 들었을 때 밀을 대신할 수 있는 식품을 발견한 사람에게는 많은 상금을 준다고 발표했다. 파르망티에는 감자를 제안했다. 그는 이 식물의 가치를 실증하기 위해서 루이 16세(Louis XVI, 1754~1793, 재위 1774~1792)

의 원조를 얻어 레 사블 돌론(Les Sable d'Olonne)의 평야에 감
자 꽃이 피자 곧 꽃을 모아서 단추 구멍에 낄 꽃다발을 만들어
국왕에게 선사했다. 왕비 마리 앙투아네트(Marie Antoinette,
1755~1793)도 파티에서 머리에 감자 꽃을 꽂았다. '곧 왕족, 귀
족, 고관들이 파르망티에에게로 그 꽃을 얻으러 갔다. 파리 전체
가 감자와 그것을 재배한 사람의 소문으로 들끓었다.'*

  감자가 자라는 사이에 파르망티에는 왕의 승낙을 얻어 밭에
파수병을 세워 지키게 했다. 병사가 밭을 둘러싸고 있는 것을
본 사람들은 거기에 무척 귀한 작물이 자라고 있는 것이 틀림
없다고 생각했다.** 감자 수확 뒤 파르망티에는 저명인사들을
연회에 초대했다. 그 중에는 대과학자 라브와지에(Antoine
Laurent avoisier, 1743~1794)와 미국의 정치가이며 과학자인
프랭클린(Benjamin Franklin, 1706~1790)도 있었다. 요리는 모
두 감자를 여러 가지로 조리한 것이었다. 요리의 맛은 능란한
변론을 능가하였고 감자의 가치를 실증해 주어 많은 사람이 감
자당(黨)으로 전향했다.

  파르망티에에 관한 이야깃거리는 지금은 거의 조작된 이야기
로 믿어지고 있다. 연회의 메뉴나 상에 나온 요리의 조리법은
설령 사실이었다 하더라도 현재는 남아 있지 않다. 그러나 파
르망티에가 여러 가지 수단으로—여기에 말한 것과 같은 방법이
아니었다 하더라도—감자 재배를 늘리기 위해 크게 노력한 것만
은 틀림이 없다. 그는 감자를 화학적으로 분석하여 일부 사람
들이 생각했던 것처럼 독이 포함되어 있지 않다는 것을 밝혀

---

* 《왕립원예학회지》; Journal of the Royal Horticultural Society, 1895
** 《파리농업학회지》; Journal of the Agricultural Society of Paris

다. 그는 여러 가지 방법으로 감자의 경작과 이용법에 대해서
알려진 모든 정보를 수집하여 출판했다. 또 학술적인 저서에서
나, 통속적인 잡지나 강연에서도 거기에 대한 설명을 하여 결
코 싫증을 느끼지 않았다.*

루이 16세는 파르망티에에게 감사하며 「귀하가 빈민을 위해
빵을 발견한 데 대하여 프랑스는 금후 귀하에게 감사할 것이
다」라고 말했다. 그가 죽은 후 거의 1세기 동안은 그의 묘소에
감자가 바쳐졌다고 한다.**

지금도 그의 이름은 메뉴에 〈폼 드 테르(Pomme de Terre)***
파르망티에〉라든가, 〈포타주(Potage) 파르망티에〉라고 하는 요
리이름으로 남아 있다.

맥베스와 독초

앞에서 말한 것처럼 많은 사람은 감자가 독을 가졌다고 생각
했다. 그 이유 중의 하나는 감자가 가짓과에 속하는 식물이라
는 점이다. 이 가짓과 식물 중에는 많은 종류가 있으나 그 가
운데는 유명한 유독식물이 몇 종 포함되어 있다. 가짓과 식물
의 약 10분의 1은 땅속 덩이줄기를 갖고 있고 그 밖의 종류는
굵은 육질의 뿌리나 길고 끝이 가느다란 뿌리를 가지고 있다.
많은 사람에게는 이 뿌리가 감자의 땅속 덩이줄기와 비슷하게
보였다. 유독한 니코틴(Nicotine)을 가진 담배(8장 참조)와 토마
토도 이 종류에 속하는 식물이다. 그 때문에 토마토가 유럽에
소개되었을 때에도 유독한 것으로 알고 진기한 식물로서 관상

* 《과학리뷰》
** 《왕립원예학회지》
*** 흙의 사과라는 뜻으로 감자를 가리킨다.

용으로 재배되었다. 토마토가 유독하다는 믿음은 장소에 따라
서는 19세기에 들어와서도 계속되었다.

　가지 과에 속하는 야생 식물 중에서 벨라돈나(Belladonna)와
히오시아누스(Hyosyanus)는 영국 어디에서나 보통 자라고 있다.
이것이 독을 갖고 있다는 사실은 농촌 사람들에게는 오래전부
터 알려져 있었다. 히오시아누스는 채소인 네덜란드 방풍과 흡
사하지만 사람이 그 뿌리를 먹으면 「눈이 흐려지고 현기증이
나며 졸음이 오고 나중에는 정신착란과 경련이 일어난다.」 셰
익스피어(William Shakespear, 1564~1616)가 《맥베스(Macbet
h)》에서 마녀가 나오는 장면을 썼을 때 염두에 둔 것은 이 식
물 혹은 벨라돈나였던 것 같다. 세 사람의 마녀가 사라진 뒤
뱅쿼(Banquo)와 맥베스는 정말 마녀를 보았는지 의아스럽게 생
각한다. 셰익스피어는 다음과 같이 썼다.

　『여기서 지금 우리가 이야기하고 있는 대로의 일이 일어났는가?
혹은 우리는 이성을 사로잡는 저 미치광이 풀의 뿌리를 먹었을까?』

　셰익스피어는 홀린세드(Rapahael Holinshed, 1529~1580)의
《연대기(Chronicles)》와 부캐넌(George Buchanan, 1506~1582)
의 《스코틀랜드의 역사(Rerum Scoticarum Historia)》에서 많은
자료를 얻었다. 두 책 모두 어떤 유독식물과 관계있는 다음과
같은 이야기를 싣고 있다. 1035년에 덴마크사람 쉐인(Sweyn)이
파이프(Fife)에 상륙하여 토지를 밟고 남녀노소를 묻지 않고 모
두 죽였다. 스코틀랜드 사람들은 국왕 덩컨 1세(Duncan Ⅰ)와
두 사람의 부장(副將) 뱅쿼와 맥베스의 지휘 아래 덴마크 사람
과 싸웠으나 패하고 퍼드(Perth)로 도망갔다. 덩컨은 무사히 성
으로 돌아와 겨우 맥베스를 지방으로 파견하여 쉐인이 쳐들어

와서 성을 포위하기 전에 새로운 전력을 집결시키도록 수배할 수 있었다.

시간을 끌기 위해 덩컨은 쉐인과 강화조약에 대한 의논을 시작했다. 의논이 시작되는 동안에 덩컨은 비열한 음모를 꾸몄다. 그는 거짓 강화를 맺고 그때 식량이 모자랐던 덴마크 사람들에게 음식과 마실 것을 제공하였으나 맥베스에게 미리 밀서를 보내어 병사들을 성벽의 근처에 숨기고 공격의 신호를 기다리도록 명령했다. 덴마크 사람들은 제공된 음식을 게걸스럽게 먹고 맥주를 마셨다. 덩컨은 셰익스피어가 〈미치광이 풀뿌리〉라고 부른 식물의 즙을 섞어 넣었다. 잠시 후에 덴마크 사람들의 대부분은 깊이 잠들어 버렸다. 공격의 신호가 내려졌다. 맥베스는 계략에 걸린 줄은 꿈에도 모르는 덴마크 사람들에게 달려들어 닥치는 대로 죽였다. 덴마크 사람들 대부분은 꼼짝도 못하고 잠든 채로 죽었다. 더러는 눈을 뜨기는 하였으나 머리가 띵하고 눈이 어지러워 저항도 할 수 없었다. 구사일생으로 도망하여 고국에 돌아온 것은 쉐인과 다른 10명뿐이고 나머지는 모두 살해되었다.

두 역사가가 모두 이 이야기를 썼고, 그 기술에서 저자들은 그 유독한 식물이 벨라돈나이거나 히오시아누스였을 것으로 믿고 있다.

4. 튤립광시대
―양파인가, 튤립의 구근인가?

네덜란드는 옛날부터 튤립(Tulip)의 재배로 유명하여 「튤립의 나라」라고 불린다. 그러나 네덜란드가 원산지는 아니다. 16세기 후반에 레반토(Levanto)에서 서유럽으로 들어왔다. 튤립의 재배가 급속히 퍼진 것은 이 식물에서만 볼 수 있는 기묘한 성질 때문이었다. 튤립을 재배하면 조만간에 갑작스런 변화가 일어난다. 지금까지 한 색깔의 꽃만을 피게 하던 구근이 갑자기 몇 가지 색이 엇갈린 무늬의 꽃 또는 줄무늬나 깃털모양의 꽃을 피우기도 한다. 이 갑작스런 변화를 〈브레이킹(Breaking)〉* 이라 한다. 원예저술가인 영국의 존 제러드(John Gerard, 1545~1612)는 1597년에 벌써 다음과 같이 평했다. 「자연은 내가 알고 있는 어떤 꽃보다도 이 꽃을 즐겁게 갖고 노는 것처럼 보인다.」

브레이킹의 덕택으로 여러 가지 다른 품종이 만들어지기 때문에 튤립재배는 네덜란드의 꽃을 사랑하는 사람들 사이에 대단한 인기를 불러 일으켰다. 튤립이 도입되고 나서 1세기도 지나기 전에 이 꽃은 「정원이나 공원에서 사람을 매혹시키는 풍

* 데일(H. E. Dale)은 튤립의 브레이킹에 관하여 다음과 같이 말했다. 『아무리 조사해도 잘 알 수 없는 것은 튤립의 브레이킹이라는 현상을 일으키는 원인이 무엇인가 하는 문제이다. 이것은 어떤 기간-길고 짧은-뒤에 꽃의 색깔이 갑자기 변화하는 것으로, 마치 그때까지 꽃잎 전체에 흩어져 있던 색소가 어떤 한정된 구역에 모인 것 같이 단색의 꽃이 줄무늬나 엇갈린 무늬가 되어버리는 것이다』 1933년에 이르러 이것은 진딧물에 의하여 매개되는 일종의 바이러스(Virus)병이라는 것이 확실해졌다.

38

경을 만들었다」

튤립광과 투기

그 무렵 네덜란드의 많은 사람은 대단한 번영을 구가하고 있었다. 네덜란드는 암스테르담(Amsterdam)을 중심으로 한 다이아몬드 공업이나 델프트(Delft)에서 만들어지는 유명한 도자기와 타일의 본고장이 되어있었다. 금은세공사, 값비싼 보석세공 장인들은 매우 분주했다. 네덜란드는 옛날과 다름없는 대농업 국이었으나, 1620년대에는 화사한 빛깔의 튤립이 매우 귀중히 여겨져 그 구근은 비싼 값으로 팔렸다. 1623년에는 희귀한 품종의 구근 한 뿌리에 수천 플로린(Florin, Gulden, 네덜란드의 화폐단위)으로 거래되었다. 브레이킹은 원예가의 의사나 재배방법과는 관계없이 일어난다—완전히 우연의 산물이다—는 것이 알려져 브레이킹 뒤에 태어나는 어떤 꽃의 놀라운 아름다움과 더불어 많은 사람을 구근수집가로 만들었다. 얼마 후 1634년에는 좋은 구근을 갖는 유행이 갑자기 광기에 찬 투기열로 폭발했다. 그것이 3년간 계속되었고 후세에 이 시기를 〈튤립광시대〉라고 부르게 되었다.*

튤립열(熱)은 꼭 전염병와 같아서 하를렘(Haarlem), 로테르담(Rotterdam), 암스테르담, 우트레히트(Utrecht) 등 서로 멀리 떨어진 곳에서 수천 명의 사람들이 일제히 이 병에 걸렸다. 특설시장, 술집, 여관, 점포 등 거의 어디서나 구근의 매매가 이루어졌다. 그 거래는 증권거래소나 목화시장에서의 거래와 흡사

---

* 베크만, 《발명, 발견 및 기원의 역사》; I .Beckmann, A History of Inventions, Discoveries and Origins, 1846

했다. 거래인들은 구근 값의 기복을 노려서 투기하고 동시에
여러 가지 품종의 값을 변동시키기 위해서는 무슨 일이든 가리
지 않았다. 예를 들면 어느 상인은 어떤 품종의 구근을 하나도
남기지 않고 싼 값으로 사들여 한동안 저장해 두었다. 그러면
그 품종은 시장에서 살 수 없게 되어 희소해지므로 값이 올라
갔다. 그때 상인은 그 구근을 조금씩 출고하여 비싼 값으로 팔
았다. 근대 상업의 용어로 말하면 이 상인은 구근의 매점(買占),
시장조작, 시세조작을 한 것이다. 그러나 이러한 광적인 사태는
순식간에 악화되어 갔다. 많은 사람은 투기만 할 뿐 구근이 매
매되었다고 해도 산 사람이나 판 사람은 실제로 구근에 일절
손도 대지 않는 형편이었다.

일부의 투기가가 쓴 수법을 소개하면 얀 판 트롬프(Jan van
Tromp)는 코르넬리스 드 비트(Cornelis de Witt)에게 한 달 후
에 어떤 품종의 구근 하나를 4,000플로린의 값으로 인도해 달
라고 예약한다. 다음 한 달 사이에 다른 사람들 사이에서는 거
래가 이루어지므로 그 품종의 값은 그대로 있든지 비싸지든지
아니면 싸지든지 할 것이다. 한 달이 지났을 때 5,000플로린으
로 올랐다고 가정하자. 그렇게 되면 사는 쪽인 트롬프는 값이
올랐으므로 이긴 것이 된다. 거기서 구근을 판 드 비트는 '현물
의 구근을 인도하는 대신에' 1,000플로린을 지불하지 않으면
안 된다. 그러나 만일 한 달 후에 구근 값이 3,000플로린으로
떨어졌다면 내기는 트롬프가 진 것으로 드 비트에게 4,000플
로린에서 3,000플로린을 뺀 1,000플로린을 지불하지 않으면
안 된다.

광기는 파산의 홍수와 더불어 끝나다

수많은 사람이 돈을 걸었다. 여유가 많은 사람은 값비싼 구근에 걸고, 적은 사람은 싸구려 구근에 걸었다. 그러나 튤립광시대는 영원히 계속될 수는 없었다. 그 종말은 갑자기 시작되었다. 1637년 2월 3일, 어떤 구근의 값이 1,250길더(Guilder, Gulden)에서 1,000길더로 떨어졌다는 뉴스가 금시에 퍼졌다. 공황이 일어나 날이 저물기까지 대부분의 다른 구근 값도 폭락했다. 그리하여 수많은 사람들이 파산했다.

3주 후, 네덜란드 주요 도시의 대표들이 모여 위기를 타개할 방법을 의논했다. 그들은 11월 말일까지 계약한 거래는 모두 청산하지 않으면 안 되지만 그 이후의 계약은 취소되어야 한다고 시사 했다. 이 시사를 즐거이 받아들이는 사람은 거의 없었으므로 결국 네덜란드 정부가 개입하게 되었다. 그 결과 구근을 팔 사람은 어떠한 값이라도 좋으니 갖고 있는 구근을 팔아버려도 좋다고 결정했다. 그 뒤에 그들은 앞서 구근을 그들에게 판 사람에게 지금 구근을 판 금액과 앞서 산 금액과의 차액을 요구할 수 있게 되었다. 이것은 튤립광시대(튤립구근의 비정상적 거래)가 수많은 사람의 파산과 더불어 막을 내렸음을 뜻했다. 실제로 네덜란드의 상업 활동 전체가 그 후 얼마동안은 매우 위험한 상태에 있었다.

튤립을 먹고 투옥된 선원

이 시기에 재미있는 이야깃거리가 몇 가지 생겼다. 그중 하나는 한 순박한 네덜란드 선원의 이야기이다. 이 선원은 가난했고 항해에서 막 돌아왔기 때문에 튤립의 구근이 그렇게 비싼

선원은 값비싼 튤립 구근을 먹어버렸다

줄은 꿈에도 몰랐다. 그리고 그는 양파를 매우 좋아했다.*

그런데 튤립에 관심을 가진 상인이 있었다. 그는 몇 가지 진
귀한 구근을 갖고 있었는데 눈에 잘 띄도록 그중 하나를 가게
의 계산대 위에 올려놓았다. 그 옆에는 터키에서 수입한 물건
들이 놓여 있었다. 어느 날 한 척의 배가 항구에 닿았다. 선장

---

* 머케이, 《특별하고 유명한 기만의 회고》; C. Mackay, Memoirs of
Extraordinary and Popular Delusion, 1852

은 부하 한 사람을 상점에 보내서 상품이 도착한 것을 알렸다. 상인은 소식을 전해준 답례로 선원에게 맛있게 훈제된 청어를 주었다. 선원은 배로 돌아가려고 나서다 계산대 위에 있는 물건을 보고 틀림없이 양파라고 생각했다. 비단이며 우단 사이에 그런 것이 뒹굴고 있는 것은 전혀 어울리지 않아 보였으므로 그는 상인의 아내가 어쩌다가 거기에 놓아두고 잊어버린 것으로 생각했다. 그래서 상인이 한눈을 팔고 있는 사이에 몰래 그것을 주머니에 넣고 가게를 빠져나왔다. 그는 항구로 돌아와서 훈제된 청어와 그 양파를 먹기 시작했다.

선원이 가게에서 막 나섰을 때 상인이 귀중한 셈페르 아우구스투스(Semper Augustus)의 구근이 없어진 것을 알아차렸다. 그는 그 값을 3,000플로린으로 매기고 있었다. 누구나 할 것 없이 미친 듯 그 〈보물〉을 찾았으나 찾을 수 없었다. 가게 안의 물건을 모두 뒤졌으나 구근은 나오지 않았다. 누군가 나중에 선원의 일을 생각해냈다. 곧 상인은 상점에서 뛰어나갔고 점원들도 뒤를 따라 부두로 달려갔다. 그들은 거기서 그 선원이 둥글게 감은 밧줄 위에 앉아 한가로이 청어와 양파의 마지막 조각을 먹고 있는 것을 보았다. 이 불운한 사나이는 자기가 몇 해 동안 놀고 지낼 수 있을 정도의 값을 지닌 비싼 식사를 하고 있었다는 것을 꿈에도 생각하지 못했다. 그는 구근을 훔친 죄로 몇 달 동안 감옥에 들어가게 되었다.

튤립의 구근을 양파로 착각한 사람들

진귀한 식물의 역사를 조사한 샤를 드 레클뤼즈(Charles de L'Ecluse, 1526~1609)는 1601년(즉 튤립광시대보다 이전)에 쓴

책에서 어떤 상인도 튤립의 구근을 양파로 착각하여 먹어버렸
다고 쓰고 있다. 레클뤼즈는 만약 다른 한 사람이 재치있게 잘
처리하지 않았더라면 이 실수가 튤립재배를 상당히 지연시켰을
지도 모른다고 믿고 있었다. 그 경위는 다음과 같다.

『안트워프(Anrwerp)의 어떤 상인이 콘스탄티노플(Constantinople,
Istanbul)에서 포목과 함께 튤립의 구근을 몇 개 받았는데 그것을
양파로 생각하고 그 일부를 삶아서 기름과 식초를 쳐서 먹어버렸다.
나머지를 뜰의 양배추나 다른 야채 사이에 심었으나 그냥 내버려
두었기 때문에 거의 전부가 죽어버렸다. 다만 원예에 열심인 어떤
사람이 그중 얼마를 다시 파내어 가꾸었다. 그의 빈틈없는 배려와
정성 덕분으로 그때부터 우리는 매혹적인 변이에 의하여 우리의 눈
을 이토록 즐겁게 해주는 꽃을 보게 되었던 것이다.』*

튤립의 구근과 양파(이것 역시 구근이다)는 겉보기에는 별로
다르지 않다. 튤립의 구근은 보통의 양파보다는 작다. 겉은 갈
색의 '종이와 같은' 껍질이 한 겹 덮어져 있을 뿐 엽맥(葉脈)은
거의 볼 수 없다. 양파는 얇은 종이 같은 껍질이 몇 겹으로 겹
쳐있으며 엽맥이 뚜렷하게 보인다. 더욱이 대개 양파에서는 꼭
대기에 줄기의 흔적을 볼 수 있으나 보통 튤립의 줄기는 완전
히 없어져 있다.

튤립은 유독하지는 않다. 어떤 품종의 구근은 훨씬 예전부터
페르시아(Persia, Iran)와 아프가니스탄(Afghanistan)의 일부 지
방에서 주민들이 식용하고 있었다. 뒤마(Alexandre Dumas,
1802~1870)의 책 《검은 튤립(La Tulipe Noire)》에는 유명한 튤
립재배가가 가정부에게 스튜(Stew)에는 절대 양파를 넣지 말도

* 홀, 《튤립의 책》; A. D. Hall, The Book of the Tulip, 1929

44

록 지시하는 장면이 있다. 그는 사람들이 양파와 튤립의 구근을 잘 구별하지 못할 것이라고 믿었기 때문에 가정부가 혹시나 자신의 귀중한 구근을 양파로 잘못 알고 스튜에 넣지나 않을까 걱정했던 것이다.

5. 콩에 얽힌 기담

로마의 악령 쫓기

콩류는 오랜 역사를 갖고 있으며 각지에서 고대문명의 풍습, 신비적인 의식, 미신 등에서 상당한 역할을 해왔다. 그 중에서도 특히 재미있는 것은 고대 로마의 종교적 의식이다.

로마 사공들은 사람이 죽으면 그 사람의 혼령은 신이 된다고 믿었다. 가족들은 제각기 죽은 혈연과 친척의 망령을 숭배하였으나 그중에는 착한 영(Lares)도 있고 악한 영(Lemures)도 있었다. 악령은 밤중에 본래 살던 집에 출몰하여 소름이 끼치는 모습으로 가족들은 겁먹게 했다. 그러나 악령도 달래고 위로하면 해치지 않는다고 믿었다. 그래서 로마의 보통 가정에서는 5월 중의 사흘 밤 동안 각 가정의 악령을 위로했다. 그러면 악령은 틀림없이 그 후 1년간은 온순해진다고 믿었다.

이 종교적 의식은 한밤중에 집에서 행해졌고 가족끼리만 참석했다. 예수 그리스도가 살아 있을 때 활약한 로마의 신인 오비디우스(Publius Ovidius Naso, B.C. 43~A.D.18)는 이 의식에 대하여 다음과 같이 묘사하고 있다.

『한밤중이 되고 침묵을 잠에 맡긴다. 그대 개들아, 그대 갖가지 새들아, 온갖 것은 잠잠히 고요해진다. 이 시각에 신들을 무서워하는 예배자들은 일어난다. 그는 두발에 샌들을 신지 않고 가만히 있으면 영(靈)이 그에게 부딪칠지도 모른다고 겁을 내고 손가락을 소리 낸다. 샘물로 손을 깨끗이 씻고 돌아서서 우선 몇 개의 검은 콩을 손에 쥔다. 얼굴을 외면한 채로 콩을 등뒤로 던지고 또 던지면서 말한다. '나는 이것을 바칩니다. 이 콩을 몸값으로 나는 나 자신과 나의 가족을 속죄합니다.' 그는 아홉 번 이것을 외우는데 영이 콩을 주워 모으면서 뒤에 따라오기 때문에 뒤를 보지 않는다. 아홉 번째가 끝나면 그는 '나의 아버지의 망령이여 물러가시오' 라고 외 운다. 그는 뒤를 돌아본다. 영은 이제는 없다. 의식은 끝났다.』*

피타고라스의 전생설

고대 이집트의 승려들은 콩에 대해서는 이것과는 전혀 다른 태도를 갖고 있었다. 그들은 모든 종류의 콩은 더러운 물건으 로 생각했으며 보려고 조차 하지 않았다. 같은 생각이 철학자 피타고라스(Pythagoras, B.C. 6세기 경)에 의하여 고대 그리스에 퍼졌다. 피타고라스는 기원전 600년경에 출생하여 학문을 배우 려고 널리 각지를 여행하였으며 한때는 이집트의 승려 밑에서 공부했다.

피타고라스는 그리스에 돌아와서 학교를 세웠다. 곧 그리스 와 이탈리아의 여러 지방에서 제자들이 모여들었다. 그의 규율 은 매우 엄격했다. 제자들은 처음 5년 동안은 학교에서는 한마 디도 못하고 피타고라스의 말만 듣고 있어야 했다. 5년이 지난 뒤에야 질문하는 것이 허락되었다. 더 지나면 그들은 그들이 연구한 것 전부를 '공유화'했다. 이렇게 피타고라스의 학교〔일종 의 결사(結社)〕는 신이나 사람들의 혼에 관한 생각과 또 물리학, 정치학, 신학 일반에 관한 견해를 집성했다.**

피타고라스의 이름은 지금까지도 기하학의 유명한 두 정리에 남아 있다. 그중 하나는 직각삼각형의 빗변 위의 정사각형의

---

* 오비디우스, 《제력》; Ovidius, Fasti(Calendar)
** 배일의 《사전》; Bayle's Dictionary

넓이는 다른 두 변의 정사각형의 넓이의 합과 같다는 정리이다. 또 다른 하나는 삼각형의 세 각의 합은 180°라는 것이다. 또 그는 곱셈에서 쓰는 구구법을 발명했다고 믿어지고 있다.

일부 고대 저술가에 의하면 피타고라스는 이 두 정리를 매우 자랑스럽게 여겼으며 신에게서 얻은 영감에 의하여 생각해 낸 것을 감사해하며 〈해카툼(Hecatomb)〉, 즉 백 마리의 황소를 희생으로 바쳤다고 한다. 그러나 키케로(Marcus Tullius Cicero, B.C. 106~43)는 이것을 의심했다. 동물을 희생으로 바치는 것을 금지했던 피타고라스의 생각과 맞지 않기 때문이다. 또한 피타고라스 자신이나 제자들도 다 같이 엄격한 채식주의자였기 때문이다.

그가 고기를 거부한 이유 중 하나는 그 무렵 많은 사람과 같이 죽으면 다른 육체에 들어간다고 믿었기 때문이다. 그 새 육체는 새로 태어난 아기일 수도 있고 짐승일 수도 있고 또 새이기도 하며 실제로는 어떤 생물이라도 관계없다. 이리하여 혼은 언제까지나 계속하여 산다. 즉 불사인 것이다. 다음에 생긴 일은 영혼의 전생(轉生)이라는 그의 신앙을 예시하는 것으로, 그 당시에는 이상하다든가 또는 불가능하다고 생각하는 사람은 한 사람도 없었을 것이다. 피타고라스는 어떤 강아지가 매를 맞고 있는 장소를 지나다가 동물을 불쌍히 여겨 외쳤다. '그만하시오. 그 개를 더 때리지 마시오. 그놈은 내 친구의 혼이니까 말이요. 나는 목소리만 듣고도 친구인 줄 알 수 있소.'

콩과 피타고라스의 죽음

피타고라스는 사람의 혼이 동물의 육체로 들어간다는 것을 믿었기 때문에 그가 결사의 동료들에게 고기를 먹지 못하게 명령한 이유를 잘 알 수 있다. 그는 엄격한 채식주의자였다고는 하지만 콩을 결코 먹으려 하지 않았고 제자들에게도 콩을 먹지 말도록 명령했다. 이런 생각도 또한 영혼의 전생이라는 그의 신앙과 관계가 있는 것 같다. 그는 이렇게 생각했다. 사람이 죽으면 혼은 일단 콩에 들어가 오래도록 살 수 있는 집으로 옮길 때까지* 잠시 동안 거기서 머물러 있는 것이라고. 그러나 이 설명을 처음 발설한 것은 아마 이름을 떨친 풍자가인 호라티우스(Quintus Horatius Flaccus, B.C. 65~8)인 것 같다. 호라티우스는 피타고라스의 전생의 신앙을 조롱하며 콩이야말로 혼의 휴식처로서는 최고로 적합한 곳이라고 시사했다.

루키아노스(Lukianos, B.C. 120?~80?)도 희곡 《목숨의 경매(Bion Paasis, Sale of the Lives)》에서 콩에 관해 언급하고 있다. 이 희곡에서 등장인물 한 사람이 피타고라스에게 '그런데 당신은 왜 콩을 잡수지 않습니까? 콩이 싫습니까?' 라고 물으니 피타고라스가 대답하여 말하기를 '아니 그렇지 않소. 콩의 본질은 미묘하고 불가사의하여 콩을 삶아 며칠 밤 달빛 아래두면 피로 변해버리오. 뿐만 아니라 아테네(Athene) 사람들은 시(市)의 관리를 콩으로 뽑지요.'

확실히 아테네의 관리들은 콩을 사용하여 관리를 선출했다. 선거인은 콩을 찬반의 칸막이된 상자 속에 넣음으로써 자신의 선택을 등록했다(일부 학회에서는 지금도 회원을 선출할 때 콩을 쓰고 있다). 그러므로 피타고라스가 제자들에게 콩을 먹지 말도록

* 결국 어떤 인간이나 동물의 물체가 그 혼을 받아들일 준비가 갖추어질 때까지

피타고라스는 결코 콩을 만지려고 하지 않았다

명한 것은 시 관리의 선거에 참가하지 말아야 한다고, 바꿔 말하면 정치적인 일에는 손을 대지 않아야 한다고 돌려 말한 것이라는 해석도 성립한다.

그러나 이 해석은 받아들이기 어렵다. 왜냐하면 결사원(結社員)과 피타고라스 자신도 정치에 관계했음이 알려지고 있기 때문이다. 이렇게 정치적인 일에 관여했기 때문에 그는 죽음을 당했는지도 모른다. 피타고라스의 죽음에 대한 한 가지 이야기는 그의 정적(政敵)이 권력을 잡은 뒤 일어난 폭동이다. 폭동이 가장 심했을 때 피타고라스와 소수의 제자는 폭도로부터 몸을 피해 집안에 숨어 있었으나, 전에 그의 결사에 가입하는 것이 거부된 한 사나이가 그 집에 불을 놓았다. 피타고라스는 그 집이 그의 생명을 노리는 적에게 포위되어 있는 것을 알고 있었기 때문에 불길을 뚫고 빠져나와 시외로 도망쳤다. 그러나 적은 곧 뒤쫓아 왔다. 얼마 안가서 그는 콩밭에 다다랐다. 그러나 그는 생사의 위기에 있으면서도 콩을 만지려고 하지 않았다. 그는 콩밭 앞에 멈추어 돌아갈 길을 찾았다. 그 사이에 적이 뒤쫓아 와서 그는 그 자리에서 살해되었다.

그의 죽음에 관해서는 여러 가지 다른 이야기가 있으며 지금 얘기한 것은 그중 하나에 지나지 않는다. 피타고라스의 만년에 그와 대립되는 정당이 심한 적의를 나타내어 그의 제자가 있는 집합소를 몇 개 불태우고 결사의 지도적 인물을 많이 죽인 것은 틀림없다. 그러나 그때 피타고라스도 살해되었는지 그보다 훨씬 뒤에 자연사했는지는 알 수 없다.

피타고라스와 이집트의 승려들은 콩을 더러운 물건으로 보았지만 고대에서는 가난한 사람들이 여러 가지 종류의 콩을 재배하여 식용으로 사용했다. 그러나 일부 국민들 사이에는 오랫동안 이 전통이 사라지지 않았으며, 그 후 몇 세기에 걸쳐서 많은 사람이 사랑스러운 흰 콩 꽃에 붙은 검은 점을 재수가 나쁜 상(喪)의 표시로 생각했다. 혹은 그 꽃이 핀 다음에 여무는 콩이 식용이 되지 못함을 경고하고 있다고 생각했다.

19세기가 되자 귀부인들은 곧잘 붉은 강낭콩의 꽃을 몸에 꽂았다. 그것은 특히 머리장식으로 사용되었다.

완두콩의 기적

완두콩은 다른 콩류만큼 재미있는 역사를 갖고 있지는 않으나 「〈튜더왕조(Tudors, 1485~1603)〉 시대의 기적」이라고 불리는 사건에서는 중요한 역할을 했다. 이 기적의 무대는 서퍼크(Suffolk)에 있는 알디버러(Aldeborough)라고 하는 작은 촌락이었다.

『슬로든(Slaughden)의 산골짜기 안에 동쪽은 바다의 파도가 출렁이고 서쪽은 냇물이 흐르는 기분 좋은 위치에 알디버러가 있다. 오래된 자치촌(自治村, Borough), 또 일설에는 알드강(江) 근처의 자치촌을 뜻한다. 거기는 선원이나 어부들에게 매우 편리한 부두이기 때문에 인구가 많다. 바다는 이 해안의 다른 거리에게는 상당히 불친절한데 이곳만은 묘하게 편애하고 있다.』*

기적이 일어난 것은 1555년 가을 메리 여왕(Mary I, 1516~1558, 재위 1553~1558)이 왕좌에 앉은 지 불과 2년 후의 일이었다. 이 해에 계절과 동떨어진 이상기후로 '영국의 전 국토에서 곡식의 거의 전부가 이삭이 말라 죽고' 전국에 기근이 들었는데 그중 특히 서퍽크 지역이 심했다고 한다. 빵이 거의 없어졌기 때문에 알디버러 근처의 빈민들은 도토리로 연명할 곤경에 빠졌다. 많은 빈민은 지금까지 들어보지도 못한 '이상한 열병에 걸려서 죽었다.'

기근에 시달린 빈민들에게 갑자기 구원의 손길이 전혀 뜻밖의 형태로 찾아왔다. 16세기에 쓰인 이야기는 다음과 같이 말하고 있다.

『8월 서커크의 해안, 즉 딱딱한 돌과 자갈뿐이고 풀 한포기 자라지 못하며 흙도 전혀 보이지 않는 이 황폐한 곳에, 누가 경작도 하지 않고 종자도 뿌리지 않았는데 갑자기 많은 완두콩이 자랐다. 이 식물은 그곳의 돌과 자갈 사이에서 크고, 뿌리를 '두발 이상'이나 뻗고 '물푸레의 날개가 달린 열매처럼 술이 모인' 꼬투리의 열매를 맺었다. 콩은 피치(Fitch)보다는 크나 밭의 완두콩보다는 작고 아주 맛있었다. 그러나 그것은 이 지방에서 보던 완두콩과는 전혀 다른

* 캠튼, 《브리타니아》; Camden, Britannia, 1695

주민들은 열심히 완두콩을 모았다

것이었다. 빈민들은 열심히 콩을 모아서 300쿼터(1쿼터는 300ℓ)이
상 모았다. 그리고도 익은 것, 꽃이 피어 있는 것 등이 아직도 많이
남아 있었다. 이 기적의 소문은 널리 퍼져서 노위치(Norwich)의 감
독(Bishop)과 윌로비 경(Sir. Wiiloughby), 그 밖에 많은 사람이 딱딱
한 석회 땅의 풍부한 수확을 구경하러 왔다. 돌은 그 뿌리 밑에
3m의 두께로 깔려 있었고 뿌리는 굵고 맛이 매우 달았다.」*

이러한 기적으로 많은 목숨이 구해졌다. 그러나 둘째 번 전
설에 의하면 이 지방의 영주가 기적이 일어나기 몇 해 전 주민
들과 싸웠다고 한다. 영주는 주민들이 갈고 있던 땅을 자기 것

---

* 제러드, 《식물지》; J. Gerard, Herball; or General Historie of
Plantes, 1633

이라고 주장하였으며 이에 맞서 마을 주민들은 공유지라고 주장했다. 완두콩이라는 하늘의 선물이 나타나자 월로비 경은 옛 원한을 풀 기회라고 보고 수확물 전부를 버리도록 명령했다. 그 때문에 마을 사람들은 먹을 것이 없어 다수 굶어죽었다.

기적의 완두콩은 어디서 왔을까?

이 이야기의 일부는 진실일지 모른다. 기록에 따르면 1555년은 영국의 모든 국토가 흉작이었다. 엘리자베스 시대의 의사 뷸레인 박사(Bulleyn)도 그 불모지에 완두콩이 난 것을 보았다고 다음과 같이 쓰고 있다.

『이 완두콩이 가련한 난파선에서 흘러들어온 것인지 아니면 기적에 의해서 돋아난 것인지 나로서는 결정할 수 없다. 그러나 씨가 뿌려졌다 하더라도 그것은 사람의 손으로 뿌려진 것은 아니다.』

반세기 후에 또 다른 저술가는 다음과 같은 '자연스러운' 설명을 했다.

『그 완두콩이 그해 상당히 많이 늘어난 덕택에 빈민들에게 도움이 되었으나, 그보다 훨씬 전부터 거기에 나고 있었던 것은 의심할 여지가 없다. 다만 기아가 빈민들에게 닥쳐 그것을 알아보고 잘 관찰할 때까지 발견되지 않았던 것이다. 우리나라 사람들은 일반적으로 관찰력이 둔하고 특히 이 종류의 식물을 발견하는 데는 더욱 그러했다.』

이 식물은 근대용어로 바다완두콩*이라고 불린다. 주로 영국의 동쪽, 자갈이 많은 해안에서 나는데 그리 많지는 않다. 어떤

---

* Pisum maritimum, 연리초속(Latyrus)에 속한다

54

저술가에 의하면 기근이 있기 1~2년 전 완두콩을 실은 배가 근처에서 조난하여 많은 주민은 그 식물이 이때 육지로 밀려온 완두콩에서 난 것이라고 믿었다. 그러나 다른 저술가에 따르면

> 『바다완두콩은 어디에도 재배되고 있지 않다. 콩은 수백 년 전부터 거기에 나있었다고 하는 것이 더 정확할 것이다. 그러나 그 종자는 구토증이 날 것처럼 쓰고 맛이 없다. 그 무렵 이 지방에서는 식물에 대한 연구가 되어 있지 않았기 때문에 근처의 황무지에서 야생하는 풀 속에서 먹을 것을 찾지 않으면 안 될 정도로 상태가 긴박하게 될 때까지는 그 누구도 그것을 생각하지 못했다.』[*]

〈악랄한 영주〉에 관한 단 하나의 증거는 월로비 경이 기근이 있기 몇 해 전 이 지방주민을 상대로 스타체임버(Star Chamber)[**]에 소송을 제기한 일이다. 아마 이 행위가 악랄하게도 그가 수확한 완두콩을 폐기시킨 전설의 근원이 된 것 같다.

---

[*] 보스웰, 브라운, 《영국의 식물》; J. T. Boswell & N. E. Brown, English Botany, 1889
[**] 성법원, 전단불공평으로 유명한 민사법원, 1640년 폐지

6. 애플파이와 열의 전도

입을 덴 람퍼드

물은 18세기 말에 람퍼드 백작(Count Rumford, Benjamin Tompson, 1753~1814)이 애플파이(Apple Pie)를 먹고 입에 화상을 입을 때까지는 열을 잘 전하는 물질(양도체)로 생각되었다. 그는 입을 덴 뒤 '물, 그리고 아마 다른 모든 액체도 열의 부도체라는 것을 밝히기 위하여' 이것을 실험하기로 결정했다.

람퍼드 백작은 뛰어난 과학자였으나 요리한 음식 중에는 오랫동안 뜨거운 채로 있는 것이 몇 가지 있다는 것을 여러 번 경험했다. 예를 들면 애플파이나 아몬드를 넣어 구운 사과(그 무렵 인기 있었던 요리)는 매우 오랫동안 뜨거운 채로 있었다. 그는 사과가 이상할 정도로 열을 오래 보존하는 성질을 갖고 있는 것에 감명을 받아 이렇게 기록했다. 「나는 그것으로 입에 화상을 입었으며 다른 사람도 같은 재난을 당한 것을 보고 이 놀라운 현상을 납득시킬 수 있는 방법을 찾으려고 노력하였으나 헛수고였다.」*

그는 이 현상을 이상하게 생각하고 '같은 종류의 사고'라고 이름을 붙여 기술하고 있다. 어느 날 철제의 난로로 덥힌 방에서 실험을 하고 있었다. 식사로 한 그릇의 쌀 수프가 들어왔으나 그때 그는 손을 댈 수 없었다. 그래서 그는 사환에게 식지 않도록 그릇을 난로 위에 올려놓으라고 했다. 그의 말을 인용하면 그로부터 약 한 시간이 지나서

---

* 엘리스, 《람퍼드백작전집》; G. E. Ellis, The Complete Works of Count Rumford. 1876

람퍼드는 애플파이로 입에 화상을 입었다

　『수프를 한 숟가락 떠먹었을 때 그것은 차가울 정도였고 매우 진했다. 두 숟가락 째는 아무 생각 없이 숟갈을 더 깊이 넣어서 떴더니 그만 입을 데고 말았다. 이 사고는 12년 전에 내가 몇 번이고 화상을 입었던, 아몬드가 든 구운 사과파이를 먹었던 일을 어김없이 생각나게 했다.』

1794년 그는 나폴리(Napoli)의 온천을 찾았다.

『온천장에서는 암석의 모든 틈 사이로 뜨거운 증기가 뿜어져 나오고 지면에서도 올라오고 있었다. 근처 해안에 갔을 때 호기심에 물속에 손을 넣어보았다. 파도가 쉴 새 없이 계속 밀려와서 바닷가의 평평한 모래사장에 부딪치고 있었기 때문에 나는 물이 차도 놀라지 않았다. 그러나 손가락을 차가운 물밑의 모래 속에 넣었더니 견딜 수 없을 만큼 뜨거워서 손을 바로 빼지 않을 수 없었기 때문에 깜짝 놀랐다. 모래는 완전히 젖어 있었으나 그래도 온도는 6~9cm의 거리에서 심한 차이가 있었다. 그때까지 물은 열의 전도력이 큰 것으로 생각하여 왔으나 그것과 이 관찰을 양립시킬 수는 없었다. 그래서 나는 처음으로 물의 전도력을 의심하기 시작했다.』

람퍼드 백작은 우연히 알게 된 세 가지의 사건을 고려해야만 했다. 하나는 애플파이가 표면은 차가워졌어도 내부에 오랫동안 열을 보유하고 있는 경우다. 국물이 열의 양도체였다면 그런 일이 있을 수 있겠는가? 만약 그렇다면 열은 국물을 통하여 표면까지 전도되어 그다음 찬 공기에서 식었어야 했을 것이다. 같은 이유로 진한 쌀 수프를 뜨거운 난로 위에 올려놓았을 때 표면은 찬데 밑은 굉장히 뜨거웠다. 왜 난로의 열은 수프 표면까지 전도되지 않았던가? 또 차가운 바닷물은 굉장히 뜨거운 모래사장 위를 흐르고 있는데도 표면은 차가운 채로 있었다. 그것은 모래에서의 열이 9㎝ 깊이의 물을 통하여 전도되지 않았기 때문이 아닌가?

람퍼드, 대류를 발견

그러나 람퍼드는 또 하나의 〈우발사건〉이 애플파이, 쌀 수프,

58

뜨거운 모래에 대한 기억을 새롭게 할 때까지는 아무 실험도 시작하지 않았다. 어느 날 그는 특별히 제조된 온도계로 실험을 하고 있었다. 온도계의 구부(球部)는 엷은 구리판으로 만들어지고 지름 12㎝이었다. 몸통 부분은 굵고 투명한 유리관으로 구리의 구부에 꽂아 액체가 새지 않도록 빈틈이 꼭 봉해져 있었다. 람퍼드는 이런 모양의 온도계를 몇 개 만들어 각각 다른 종류의 액체를 채웠다. 그중 하나에는 관이 견딜 수 있는 한계의 고온으로 에틸알코올을 가열하고 부었다. 그 다음 온도계를 창가에 놓고 식혔다. 그날은 좋은 날씨여서 햇빛이 밝게 관을 비치고 있었다.

곧 그는 많은 작은 입자가 액체 속을 바쁘게 움직이는 것을 발견했다. 왜 그럴까 하고 생각하다가 얼마 후 그 구리의 구(球)를 관을 붙이기 전에 2년 동안이나 내버려 두었던 것을 생각해냈다. 꼭지에 마개를 해두지 않았기 때문에 그 사이에 먼지가 구 안에 들어간 것이 틀림없었다. 알코올 안에서 올라갔다 내려갔다 하는 입자가 바로 그것이었다. 입자는 햇볕을 받아서 반짝반짝 빛났기 때문에 그 존재도 움직임도 확실히 알 수 있었다. 람퍼드는 렌즈를 통해서 입자의 운동을 자세히 관찰했다. 그 결과 상승하는 입자는 관의 중심부를 통해서 올라가는데, 내려오는 입자는 모두 관의 측면 가까이로 내려오는 것을 확실히 알아냈다.*

람퍼드는 이 현상을 설명했다. 여기서는 지금도 실험실에서 자주 행해지는 실험을 예로 들어 설명하겠다. 고체 물질로 극

---

* 엘리스, 《람퍼드 백작, 톰프슨 경의 회상》; G. E. Ellis, Memoir of Sir B. Thompson, Count Rumford, 1871

람퍼드는 렌즈를 통해 먼저 입자의 운동을 관찰했다

히 작은 알맹이를 만들어 물을 넣은 비커 밑바닥에 가라앉힌
다. 비커 밑바닥 가운데 불길을 대어 좁은 부분만을 가열한다.
그러면 색깔이 든 알맹이는 움직이기 시작하여 액체의 중앙부
로 상승하여 수면까지 간다. 그 다음 알맹이는 비커의 가장자
리 쪽으로 이동하여 측면 근처를 통하여 밑까지 내려온다. 밑
바닥에 닿으면 그것은 또 중앙부로 빨아 당겨 다시 중앙부로
수면을 향해 올라간다. 이리하여 색깔이 든 알맹이는 비커 속
을 계속 빙빙 돈다.

그 이유는 이렇다. 중앙부 위에 있는 액체는 가열되어 비커

의 밑바닥이 그 주변보다 뜨거워진다. 물은 가열되면 부풀어 가벼워진다. 그 때문에 이 물의 부분은 비커의 중앙부를 통하여 떠오른다. 그때 색깔 있는 알맹이를 같이 몰고 간다. 수면에 닿으면 이 액체의 흐름은 찬 공기에 닿아서 식은 뒤 무거워지고 비커의 찬 측면을 따라서 내려온다. 색깔 있는 알맹이도 거기에 딸려서 밑으로 내려온다.

람퍼드는 온도계의 관속에서 극히 작은 먼지의 입자가 오르내리는 것을 우연히 관찰한 덕에 액체 내에서 열의 이동의 메커니즘을 명확하게 하는 실마리를 얻었다. 뜨거운 액체의 입자는 차가운 입자보다 가볍기 때문에(밀도가 작다) 그릇 안에서 올라간다. 그것이 차가운 표면에 닿으면 찬 공기에 식혀져 무거워져서 내려간다. 이렇게 액체입자의 상하운동에 의하여 열은 용기의 하부에서 상부로 운반된다. 입자의 운동에 의한 열의 이동을 〈대류〉라 부른다.

람퍼드가 대류를 발견할 때까지는 대개의 과학자들은 액체에서도 열은 고체에서와 같이 〈전도(傳導)〉라고 불리는 과정에 의하여 이동하는 것으로 믿고 있었다. 예를 들면 쇠막대기의 한쪽 끝을 가열하면 그 부분의 입자는 뜨거워져서 옆에 있는 입자를 가열한다. 이것이 차례로 계속되어 열은 릴레이식으로 막대기의 끝에서 끝까지 전해지지만 그 사이에 입자 자체는 하나도 이동하지 않는다. 이것이 열의 전도였다. 람퍼드의 모든 관찰은 액체 내에서 열이 전도에 의해서는 잘 전달되지 않지만 대류에 의해서는 비교적 잘 전달된다는 것을 증명하는 결과가 되었다.

파란의 생애

람퍼드는 매우 모험적이고 파란 많은 생애를 보냈다. 그는 미국에서 출생하여 영국으로 이주하였고(미국 독립전쟁 때 영국군에 가담하였기 때문에 독립 후 미국에 있을 수 없게 되었다) 후에 바다를 건너 바이에른(Bayern) 선제후(選帝侯) 밑에서 군인으로 있었다. 선제후는 그의 뛰어난 공적을 인정하여 그에게 신성로마제국의 백작 작위를 주었다.* 정치적, 군사적인 일 외에 람퍼드 백작은 그 무렵의 과학실험에 많은 공헌을 했다. 그는 영국에 다시 돌아와서 〈왕립연구소(Royal Institution)〉 창설에 전력했다. 이것은 과학적 지식, 실용적 지식을 추진하여 보급하고 확대하기 위한 조직으로 1799년에 창설되었다. 그는 이 연구소에서 대부분의 시간을 과학연구에 소비했다.

람퍼드는 〈열〉이라는 주제를 독자적인 연구대상으로 정하고 모든 측면에서 연구했다. 과학적인 문제 말고도 부엌 아궁이의 설계, 요리나 난방에서 연료를 가장 경제적으로 사용하는 방법 등 일상생활에 관한 것까지 취급했다. 실제로 영국에서 지금 사용하고 있는 난방은 그의 독창적인 시사에 많은 혜택을 받고 있다.

람퍼드의 가장 큰 공적이라 할 수 있는 것은 열을 역학적으로 해석한 것이다. 그는 뮌헨(München)에서 대포포신을 뚫는 작업을 감독하고 있을 때 작업 중 엄청나게 많은 열이 발생하여 쉴 새 없이 물을 부어서 식히지 않으면 안 되는 것을 알았다. 그 무렵 전통적인 학설에서는 열은 무게가 없는 일종의 열

---

* 1790년의 일, 이후 람퍼드 백작이라 부름. 람퍼드는 최초의 아내(연상의 돈 많은 미망인이었다)가 출생하여 살던 미국의 거리 이름이다.

소(熱素, Phlogiston)라고 생각하고 있었으며, 이 현상은 금속이 깎여서 가루가 될 때 열소가 방출되기 때문이라고 설명되었다. 람퍼드는 열량이 너무 많아 그것으로는 도저히 설명할 수 없는 것을 알고 열은 뚫는 기계의 기계적 일이 변화되어 생기는 것이기 때문에 열은 운동 형태의 하나라고 결론지었다. 그는 어떤 양의 역학적 일이 얼마만한 열을 발생시키는가, 즉 오늘날 말하는 일의 양에 상당하는 것까지도 계산하였으나 그 어림은 너무 컸었다. 그러나 그의 이 연구(1798년 발표)는 에너지의 개념과 열역학 제1법칙의 선구(先驅)를 이룬 것으로 인정되고 있다.

7. 병맥주의 효시

맥주의 제조법

영국에서 맥주를 제조하는 방법은 그것이 처음 발견된 이래 그렇게 많이 변하지 않았다. 보리의 낟알을 물에 담갔다가 습기 찬 공기 중에 알맞은 온도를 유지하면서 발아시킨다. 그러면 맥아(麥芽, Malt)라고 불리는 것이 된다. 다음에 맥아를 가열하여 발아를 멎게 하고 뜨거운 물에 넣어 홉(Hop)을 넣은 다음에 뜨거운 액을 냉각시켜 효모를 섞는다. 액은 곧 거품을 내기 시작하여 마치 끓어올라 뒤집히는 것처럼 보인다. 이것은 액에서 이산화탄소가 만들어지기 때문이다. 이 과정을 발효라고 한다. 발효하는 동안에 이산화탄소 외에 알코올이 만들어진다.

병맥주에 관한 다음 사건이 일어난 것은 맥주 양조 중에 홉을 넣는 아이디어가 영국에 도입된 지 얼마 안 된 무렵의 일이다. 홉은 맥주의 쓴맛을 내게 한다. 원래 영국에서는 맥주(Beer)를 에일(Ale)이라고 부르고 있었으나 이 '홉을 넣은 에일'이 그대로 비어라고 불리게 되었다. 지금은 에일과 비어는 같은 종류의 음료를 가리킬 때가 많다.

튜더왕조(Tudor) 시대 초에는 맥주는 보통 큰 통에 넣어서 저장하였으나 금방 변질되었다. 더욱이 더운 계절이라든가 깨끗하게 잘 씻지 않은 통에 넣었을 때 그랬다. 때로는 따르기 편리하도록 마시기 직전에 가죽 병에 넣는 일도 있었다. 그러나 병에 넣은 채로 오래 두는 일은 거의 없었다.

낚시를 좋아하는 노웰, 재난을 면하다

영국의 헨리 8세(Henry Ⅷ, 1491-1547, 재위 1509~1547)는 1534년 로마법왕을 제쳐놓고 자기야말로 영국교회의 최고 수장이라고 선언하여, 영국의 많은 유력자에게 자기가 수장인 것을 인정하는 보증을 하도록 〈수장서약〉을 시켰다. 이 서약을 한 승려 중에 에드먼드 보너(Edmund Bonner, 1500~1569)가 있었고 그는 서약한 덕에 런던의 프로테스탄트(Protestant)의 감독에 임명되었다. 그러나 그의 양심은 당연히 편하지 않았다. 그래서 에드워드 6세(Edward Ⅵ, 1537~1553, 재위 1547~1553)가 즉위하자 그는 서약을 거부하고 투옥되었다. 다음에는 군주 메리여왕이 즉위하였는데 그는 열렬한 가톨릭교도였으므로 보너는 곧 석방되어 런던의 감독에 복직했다. 드디어 그는 부섭정(副攝政)에 임명되어 영국의 프로테스탄트파의 뿌리를 뽑으라는 명령을 받았다. 그는 이 곤란한 과제에 매우 열의를 갖고 착수하였으나 곧 투옥이라는 처벌로는 미지근해서 충분히 효과를 거둘 수 없는 것을 깨달았다. 그래서 1555년 '불(火)과 장작'에 의한 숙청을 개시하여 그 뒤 3년간에 많은 프로테스탄트가 산채로 불태워졌다.

알렉산더 노웰(Alexander Nowell, 1507~1602)은 열렬한 프로테스탄트의 목사로 에드워드 6세의 시대에는 영국 교회에서 높은 지위에 있었다. 메리여왕 시대가 되어 그는 제1회의 국회의원에 선출되었으나, 여왕은 그가 의석을 차지하는 것을 금지하였을 뿐만 아니라 높은 직위에서도 추방했다. 그는 영향력이 너무 커서 보너에게 오랫동안 주목받았다. 재난이 닥쳐온 것은 어느 날 그가 낚시질을 하고 있을 때였다.* 그는 이 스포츠를 대단히 즐겼는데 유명한 낚시책 《완전한 낚시(The Complete Angler)》를 쓴 이작 월튼(Issac Walton, 1593~1683)이 그에 관해 다음과 같이 말하고 있을 정도이다.

『이 선량한 사람은 자기 시간의 10분의 1을 낚시로 소일했다. 낚시를 하는 냇가 근처에 사는 가난한 주민들에게 자기가 번 돈의 10분의 1을 주었을 뿐만 아니라 대개 낚시한 고기를 남기지 않고 모두 주었다. 또 자손들이 보기만 해도 그가 낚시꾼이었다는 것을 알 수 있는—그것을 몹시 바랐던 것은 아니라 해도—초상화를 그리게 하여 만족하고 기뻐했다. 이 초상화는 그가 기꺼이 기부한 브라지노즈대학(Brazenose College)에 소중하게 보존되어 있어 지금도 볼 수 있다. 그 그림은 이렇다. 그가 책상에 기대고, 앞에는 성경이 놓여 있으나 옆에는 낚싯줄, 낚시, 그 밖의 낚시도구가 널려져 있으며 다른 한쪽에는 여러 종류의 낚싯대가 줄지어 있다.』

그날 보너는 노웰을 체포하기로 작정하고 있었다. 노웰은 그런 일은 꿈에도 모르고 여느 날과 다름없이 먹을 것과 맥주를 조금 챙겨 낚시하러 떠났다. 맥주는 가지고 가기 쉽게 병에 넣었다. 노웰의 친구인 런던 상인 프랜시스 보이어[Francis Bowyer, 후에 런던 시장(Sheriff)이 되었다]는 그가 간 곳을 알고 있었기 때문에 감독인 보너가 그를 체포하려고 부하를 보낸 것처럼 또는 풀러(Thomas Fuller, 1608~1661)가 쓴 것처럼 「노웰이 고기를 쫓아 따라가면 보너는 그 노웰을 쫓고 노웰이 어떤 사람인가를 알고 그를 도살장으로 보내려고 계획하고 있다」*라

---

* 처튼, 《알렉산더 노웰의 생애》; R. Churton, The Life of Alexander Nowell, 1809
* 풀러, 《영국명사의 역사》; T. Fuller, History of the Worthies of England, 1840

는 뉴스를 갖고 황급히 노웰을 뒤쫓아 갔다.

그 소식을 들은 노웰은 화형을 당할 바에는 한시라도 빨리 영국을 떠나지 않으면 안 될 것을 깨달았다. 그는 곧 그 자리에서 도망쳤으나 보너의 부하에 붙잡힐 것이 두려워 너무 급히 서둘렀기 때문에 음식을 챙기는 것을 잊었다. 먹을 것도, 병에 넣은 맥주도, 낚시 도구도 모두 풀밭에 버리고 떠났다. 노웰은 무사히 배를 타고 대륙으로 건너갔다. 거기서 그는 망명하던 열렬한 프로테스탄트들과 합류했다. 그들은 자신들의 의식으로 예배할 수 있는 독일에 조그마한 거류지를 만들었다.

병에 넣은 맥주는 부패하지 않았다

메리여왕이 죽자 노웰과 프로테스탄트 망명자들은 영국으로 돌아왔다. 귀국하던 즉시 그는 도망하던 날 냇가 풀 속에 낚싯대를 버리고 간 것을 생각해냈다. 그래서 그는 정든 낚시터에 가봤더니 낚싯대도 줄도 몇 해 전에 버리고 간 곳에 고스란히 있었다. 맥주가 든 병도 있었다. 그는 퍽 기뻤다.

노웰은 병을 열었다. 풀러가 쓴 것에 따르면 「발견한 것은 병이 아니고 총인 줄 알았다. 병을 열었을 때 굉장히 큰 소리가 났다.」 그 맥주를 한 모금 마셔 보았더니 아주 맛이 좋았다. 병에 넣어 둔 채 그렇게 오랜 세월이 지났는데도 맥주는 훌륭한 상태였다.

맥주가 왜 좋은 상태로 보존되었는가 하면, 맥주는 보통 양조장에서 나온 뒤에도 발효가 완전히 멎지 않고 통 또는 병 안에서까지 발효가 계속 진행된다. 병 안에서 만들어진 가스는 물론 밖으로 빠져나갈 수 없기 때문에 병 안에 모아지고 내부

노웰은 남겨두고 갔던 맥주를 찾아냈다

에 외부공기의 압력보다 큰 압력이 생긴다. 그 때문에 가스의 대부분은 맥주에 용해된다. 병을 연 순간 맥주에 걸린 압력은 대기의 압력의 크기까지 감소되므로 맥주 속에 용해되어 있던 〈여분의〉 가스가 폭발적인 위력으로 맥주에서 솟아 나온다. 이 맥주가 이상하리만큼 맛이 있는 것도 병의 마개가 봉해져 있는 동안에 여분의 가스가 녹아 들어갔기 때문이다. 그리고 가스는 맥주에 자극성 있는 시원한 맛을 가미하여 주는 것이다.

이 경험에서 노웰은 이번에는 병에 넣은 맥주를 짐짓 몇 달 동안이나 두었다가 마개를 열고 마셔봤다. 그는 친구들에게도 이 병맥주를 대접하였으며 많은 사람은 그 유별나게 좋은 맛과 더불어 〈시원함〉을 즐겼다.*

* 오늘날 병에 넣은 미네랄 워터(Mineral Water)를 만들 때 이산화탄소를 병 속에 세게 밀어 넣어서 내부의 압력을 1기압보다 훨씬 크게 해둔다. 따라서 병마개를 열면 가스는 빠져나오고 그때 거품이 일어난다.

병맥주, 대산업으로 발전

노웰보다 몇 해 전에 어떤 감독에 관하여 전해지는 비슷한
이야기도 있다. 그는 바이에른의 밤베르크(Bamberg)의 감독으
로 이 사람도 역시 낚시질을 하고 있을 때 적으로부터 불의의
습격을 받고 병에 넣은 맥주를 내버린 채 도망쳤다. 약 1년 후
다시 그 자리에 돌아왔을 때 병 안의 맥주 맛이 더욱 더 좋아
져 있는 것을 보고 역시 깜짝 놀랐다.

병맥주(Bottle Ale)를 둘러싼 두 가지 이야기 중 어느 쪽이
진실인지는 알 수 없다. 그러나 직접 양조한 맥주를 병에 넣어
서 비교적 짧은 시간 동안 저장하는 습관이 엘리자베스 시대에
있었던 것이 알려졌다. 셰익스피어는 《열두 번째 밤(Twelfth
Night)》에서 어떤 선술집을 〈병맥주의 집〉이라고 부르고 있는
데 이것을 가리키는 것이다. 또 벤 존슨(Ben Jonson, 1572~
1637)의 《바돌로뮤의 장(Bartholomew Fair)》에서는 어떤 등장
인물이 사환에게 「우리와 같은 불량배들을 온순하게 하려면 에
일을 한 병 가져오라」고 명하고 있다.*

상업적 규모로 맥주를 병에 넣어 팔게 된 것은 튜더 시대보
다는 훨씬 뒤에 시작된 것이 확실하다. 어떤 식품 권위자는 상
업적 규모의 병맥주가 처음 시작된 해를 1735년으로 잡고 있
으며 그것은 원래 담색의 에일을 인도에 수출하려고 계획되었
다고 한다. 그러나 그 후 1800년쯤에 병맥주는 활발하게 국내
산업으로 발전했다.**

---

* 베커다익, 《에일과 맥주의 기담》; J. Beckerdyke, The Curiosities of
Ale and Beer, 1889
** 드라먼드, 윌브러햄, 《영국인의 식품》; J. C. Drummond & A.
Wilbraham, The English man's Food, 1939

8. 담배는 만병통치약

콜럼버스(Christopher Columbus, 1451~1506)와 뒤를 이은 항해자들이 서인도 제도(West Indies)를 발견하여 탐험하고 나서 유입된 새로운 식물이 유럽에 큰 흥분과 흥미를 불러 일으켰다. 포르투갈(Portugal)의 수도이며 국왕의 궁전이 있는 리스본(Lisbon)에는 훌륭한 항구가 있었는데 거리에는 많은 선원과 모험가들이 모여서 새로 발견된 식물에 관한 여러 가지 기묘한 이야기를 했다.

그런 이야기 중의 하나는 어느 제일 높은 인디언 승려가 매우 중요한 문제에 관하여 의논을 할 때 담배를 다음과 같이 사용했다고 한다.*

「그는 담뱃잎을 몇 장 뜯어서 불속에 던져 넣은 다음 입으로 그 연기를 마시고 또 사탕수수 줄기를 통해 콧구멍으로 연기를 빨아들였다. 연기를 빨아들이는 사이에 그는 땅위에 넘어져서 죽은 것처럼 되었다. 담배의 효력이 다되면 그는 되살아나 눈을 뜨고 그 사이에 본 영상이나 환상에 따라 사람들에게 대답해 주었다.」

니코, 담배의 약효를 선전

1559년, 장 니코(Jean Nicot, 1530~1600)는 포르투갈 주재 프랑스대사가 되었다. 그 무렵 담배는 리스본의 정원에 얼마간의 관상용으로 재배되었다. 니코는 리스본 체재 중에 미국에서

---

* 페어홀트, 《담배, 그 역사와 관계》; F. W. Fairholr, Tabacco, Its History and Association, 1876

온 새 식물에 깊은 흥미를 느끼게 되었다.

그는 특히 프랑스에 들여올 유용한 식물이 없을까 하고 주의를 기울였다. 그를 아는 사람들은 그가 그런 것에 관심이 있음을 알고 있었다. 어느 날 그가 국왕의 감옥을 방문했을 때 간수가 「플로리다(Florida) 산의 기묘한 풀」(담배)을 그에게 주었다. 니코는 이것을 자기 집 정원에 심었는데 '그 풀은 거기서 자라나서 굉장히 무성했다.'

니코 자신이 기술한 것이지만 얼마 후에 그는 뺨에 종기가 난 한 젊은이 이야기를 들었다. 그 종기는 악성으로 암과 같은 궤양(潰瘍)으로 변하기 시작하였는데 젊은이는 거기에 담뱃잎을 짓이긴 것과 줄기에서 짠 즙을 붙였다. 그랬더니 종기는 '이상하리만큼 가벼워졌다.' 니코는 이것을 매우 흥미롭게 생각하고 그 젊은이를 불러 그에게 날마다 그 종기에 담뱃잎을 붙이도록 권했다. 여드레인가 열흘이 지나니 종기는 완전히 나은 것처럼 보였다. 확인을 위하여 그 젊은이를 국왕의 시의(侍醫) 한 사람에게 보내어 진찰을 받게 했다. 시의는 그 종기가 '완전히 없어지고 나았다'고 보증했다.

그 뒤 대사관의 요리사가 '큰 식칼로 엄지손가락이 거의 잘릴 만큼' 아주 깊이 베었는데 담뱃잎을 바른 덕분에 완치되었다. 또 2년 전부터 발에 종기가 있던 한 남자도, 얼굴에 버짐이 가득했던 여자도 같은 방법으로 나았다. 니코는 담배에 의한 치유 효과를 확신했다. 그러나 그는 담배를 피우는 데에 치료 작용이 있다고는 말하지 않았다.

그의 치료법은 담배를 외용약으로 사용하는 것으로서 담뱃잎을 적시어 붙이거나 또는 다음의 처방으로 만든 바르는 약을

니코는 자기 집 정원에 담배를 심었다

붙이는 것이었다.

『새 잎 450g을 뜯어서 새로운 왁스(Wax, 蠟), 수지(樹脂), 보통기름 각각 120g과 함께 섞어서 찧는다. 이것을 끓여서 물기가 없어지면 베네치아(Venezia, Venice)의 테르펜(Terpene) 기름을 120g 섞어서 리넨 천으로 밭쳐 항아리에 저장한다.』

니코는 이 이상한 풀의 효능을 믿고 의심하지 않았기 때문에 그것을 기르는 법과 상처, 화상, 종기 등에 사용하는 방법을 적어 씨앗을 프랑스로 보냈다. 그가 담배에 이처럼 관심을 보였기 때문에 후에 담배에 포함되어 있는 독특한 성분을 그의 이름을 따서 니코틴(Nicotine)이라 불렀다.

담배의 효능은 널리 믿어지다

그로부터 얼마 지나서 다른 한 프랑스 사람이 말린 담뱃잎으로 코담배를 만들었다. 다른 사람도 '인디언의 흉내를 내어' 그것을 담뱃대에 담든가, 시가(Cigar)로 만들어 피우고 있었다. 오락으로 피우는 사람도 있었으나 담배에는 건강을 증진시키는 힘이 있다고 믿어 그 목적으로 피우는 사람도 있었다. 16세기 말 쯤 되어 담배를 잎채로 사용하든가, 바르는 약으로 만들든가, 피우든가 하면 거의 모든 병을 고친다는 평판이 있었다. 길즈 에버라드(Giles Everard)라는 영국 사신이 1587년 라틴어로 쓴 책의 표제는 바로 그것을 증명한다.*

에버라드는 이렇게 말하고 있다. 담배는

『모든 악역, 특히 바람콜레라(Wind-Cholic)에 대한 훌륭한 해독제가 된다. 에이레 사람들은 주로 머릿속을 맑게 하려고 코담배를 사용한다. 인디언들은 피로를 풀기 위하여 담배를 피우며 황홀한 상태에 빠져들어 갈 때까지 계속 피운다.』

그는 계속하여 말하기를 어떤 암스테르담 사람은

『만병의 예방을 위해 담배를 씹고, 산(山) 메추리나 꿩보다도 담배를 즐기고 있다. 그러나 일반적인 방법, 즉 파이프에 넣어 그 연기를 들이마셨다가 내뱉는 것은 두통을 고치는 가장 좋은 방법다. 이것은 기분이 상쾌할 때나 우울할 때나 가릴 것 없이 좋은 길동무

---

* 《파나케아, 또는 만병통치약, 담배를 파이프에 넣어 피웠을 때 신통한 효능과 의약 및 외과에 있어서의 효능과 용도를 확실하게 하는 것》 (Panacea, or the Universal Medicine Being a Discovery of the Wonderful Virtues of Tobacco Taken, in a Pipe with Ist Operation and Use both in Physic and Surgery)

가 된다. 담배는 휴식을 취하고 싶은 사람에게는 잠을 재울 것이나 반면 학자는 잠을 깨워 서재에서 공부를 계속 시킬 것이고 병사의 눈은 깨워서 파수를 계속 시킬 것이다.」

대흑사병의 시대(1665년이 절정)에는 많은 사람이 담배를 피우면 병에 걸리지 않는다고 믿었다. 예를 들면 흑사병으로 죽은 시체를 차로 운반하는 사람들은 이 기분 나쁜 일을 하고 있는 동안에 담배를 계속 피우기만 하면 병에 걸리지 않는다고 믿었다. 이 흑사병이 일어난 동안에 일기를 써서 남긴 페피스(Samuel Pepys, 1633~1703)는 1665년 6월 5일 전염병에 걸린 집안을 처음 보았을 때 역시 그 방법으로 몸을 지켰다고 말하고 있다.

「그날 나는 드루리 레인(Drury Lane)에서 문에 붉은 십자를 그리고 거기에 「주여 우리들을 불쌍히 여기소서」 라고 쓴 집을 두세 집 보았다. 그것은 내가 처음으로 보는 슬픈 광경이었다. 그것을 보고 나는 기분이 나빠져서 담배를 조금 사서 냄새를 맡지 않고는 못 견디었다. 그럼으로써 불안은 없어졌다.」

1667년 8월 17일 페피스는 담뱃잎의 치유력에 대하여 다음과 같이 말하고 있다.

「우리의 마차를 끌고 있던 말 중 한 마리가 현기증으로 넘어졌다. 마부가 담배연기를 그 말의 코에 불어넣었더니 말은 재채기를 했다. 말은 곧 회복되어 전과 똑같이 힘 있게 마차를 끌고 갔다.」

만병통치약에서 갖가지 악의 근원으로
그러나 이러한 호의적인 논쟁이 많았다고는 하지만 유럽에는 담배가 사용되기 시작한 당초부터 흡연의 여부를 둘러싸고 많은 논쟁이 전개되었다. 많은 나라의 성직자나 정치가들이 논쟁에 가담하여 그 중에는 그것을 비난하였을 뿐만 아니라 흡연 현장에서 체포된 사람들에게 엄한 형벌을 과한 일도 있었다. 형벌로서는 사형, 추방, 태형, 투옥, 벌금 등이 있었다. 저술가들도 논쟁에 가담했다. 예를 들면 '인디언의 담배로 중독될 바에는 차라리 영국의 삼(麻)으로 숨을 끊기는(즉 교수되는) 쪽이 낫다'라든지, '담배는 많은 병을 일으키고 수명을 단축시킨다'든지, '대개의 사람들이 욕하는 것처럼 지옥의 악마에게 저주받는 담배는 육체와 영혼을 황폐시키고 질병, 재난을 가져오며 건강을 갑자기 해친다' 등 여러 가지로 말했다. 그러나 이런 강력한 반대에도 흡연자는 증가하였고 이 습관은 급속하게 문명화된 여러 나라에 퍼졌다.

논쟁은 20세기에 들어와서도 계속되었으며 영국의학연구위원회(Medical Research Council)는 1957년, 1959년에 두 개의 보고서를 발표하여 흡연에 가혹한 타격을 가했다. 1957년 보고서에는 「최근 25년 동안 남성들의 폐암에 의한 사람이 대폭 증가하였는데 증가의 주요 원인은 흡연 특히 담배(Cigarette)를 피우는데 있다」고 되어 있다. 그 보고서는 이렇게 덧붙였다. 「담배 연기의 주성분은 폐에 들어가기 쉬운 미세한 크기의 기름방울로 그 안에는 각각의 상황에서 동물의 폐암을 일으키는 원인으로 알려진 다섯 가지 물질이 포함되어 있다.」

1959년 보고서는 담배를 과도하게 피우면 기관지염을 일으킬 수 있다는 증거를 제시하고 있다. 결국 어느 쪽 보고서도 흡연의 영향은 16세기 의사들이 생각했던 것과는 반대라는 것을 시사하고 있다. 이런 근대의 견해와는 대조적으로 다음과 같은 성명이 1600년대에 발표되었다. '흡연은 카타르, 머리, 위, 폐, 가슴의 통증에 효력이 있다.' '담배, 하늘이 준 귀중하고 훌륭한 담배는 모든 병을 고치는 약이다.' 이것은 많은 훌륭한 의사들이 갖고 있던 견해였다. 담배의 역사는 이 의학상의 견해가 어떻게 흔적도 없이 변화할 수 있었는지를 뚜렷이 나타내고 있다. 예전에는 치료약으로 믿어졌던 담배가 지금은 폐암이나 기관지염 등의 병이 원인이 되고 있기 때문이다.

흡연 선구자들의 수난

담배의 역사에는 재미있는 이야기가 몇 가지 남아있다. 그 중 한 이야기에는 웨일즈(Wales) 사람인 리처드 탈튼(Richard Tarton)과 '담배가 처음 영국에 건너 왔을 때 다만 멋을 부리고 싶어 그것을 피운' 몇 사람이 등장한다. 탈튼은 어느 날 선술집에서 와인을 코가 비뚤어지도록 마신 두 사나이 사이에 앉아 있었다. 그 두 사람은 담배 피우는 것을 한 번도 본 일이 없었기 때문에 탈튼이 파이프에 불을 붙이는 것을 보고 깜짝 놀랐다. 두 사람은 탈튼의 콧구멍에서 연기가 나오는 것을 보고 술기운이 몽롱한 가운데 틀림없이 그의 몸에 불이 붙었다고 생각했다. 먼저 한 사나이가 뒤따라 나머지 사나이가 컵의 와인을 그의 얼굴에 퍼붓고 「불이야! 불이야!」 외쳤다.

탈튼은 정면으로 와인을 덮어쓰고 흠뻑 젖었다. 그는 아무렇지도 않은 듯이 「불은 꺼졌어. 어리석은 짓은 그만하게」라고 외쳤을 뿐 또 파이프에 불을 붙였다. 그러나 취한 사나이들은 싸움을 걸려는 것으로 생각하고 한 사람이 「야! 이놈아. 왜 싫은 냄새를 피우느냐? 꼭 독을 맡은 것 같은 기분이다」라고 했다. 탈튼은 그래도 점잖게 「냄새가 싫으시면 여러분이 한 모금 피워 보시면 금세 싫지 않아집니다」라고 대답했다. 그러나 그 〈싫은 냄새〉는 두 사람의 주정뱅이뿐만 아니고 방안에 있던 모든 다른 사람에게도 견딜 수 없었던 모양으로 모두 밖으로 나가버렸다 그래서 '가련한 탈튼은 혼자 남게 되고 여러 사람의 술값을 치렀다.'

이 이야기는 아마 지어낸 이야기일 것이다. 그러나 몇 사람의 저술가들이 이 이야기를 듣고 그것을 월터 롤리의 일로 바꾸어 놓은 것 같다.*

롤리는 통속적으로 흡연이 영국에 소개되었던 거의 최초로부터 담배와는 끊으려야 끊을 수 없는 인물이다. 롤리에 관한 그 이야기가 처음으로 인쇄물로 나타난 것은 1708년으로서 여기에서는 처음 그대로를 소개하겠다.

『월터 경은 인디언의 흉내를 내어 그들이 좋아하는 담배를 즐기고 있었으나 이것을 끊기 싫었기 때문에 영국에 돌아와서도 몇 호그즈헤드(Hogs Head, 액량의 단위, 1호그즈헤드는 52.5갤론)를 구해서 그것을 서재에 두고 남몰래 하루에 두 파이프씩 피웠다. 그는 순진한 사람을 사환으로 쓰고 있어 때때로 서재의 문 앞에 대기하고 있는 그 사람에게 큰 컵에 가득 채운 고급맥주와 너트메그(Nutmeg)를 가져오도록 명했다. 사환이 들어오는 발소리를 들으면 그는 언제나

---

* 그림에는 롤리가 〈평화의 파이프〉(인디언의 부족과 부족이 사이가 좋다는 표시로 한 개의 파이프로 담배를 돌려 피우는 관습이 있었는데 그때에 사용한 파이프)를 피우고 있는 장면이 그려져 있다. 이 파이프는 싸우는 독수리의 큰 날개로 장식되었으며 미국의 인디언에게는 신성한 것이었다. 그러나 그가 정말로 서재에서 그런 파이프를 사용했다는 것을 입증할 증거는 없다.

겁에 질린 사환은 롤리의 몸에서 난 불을 끄려고 덤볐다

파이프를 옆에 내려놓았다. 그러던 어느 날 그는 독서에 열중하여 사환이 들어왔을 때 '파이프를 놓는 것을 잊고' 있었다. 사환은 주인의 입과 파이프의 끝에 짙은 연기가 올라오는 것을 보고 겁에 질려 맥주를 그의 얼굴에 퍼부었다. 그리고 층계를 뛰어 내리면서 가족들에게 급히 알리려고 「주인 양반의 뱃속에 불이 났습니다. 여러분이 층계를 다 올라가기 전에 타버려 재가 될지 모릅니다」 라고 몇 번이나 외쳤다.」*

---

* 《영국의 아폴로》; The British Apollo, 1708

78

월터 롤리의 운명

일부 저술가들은 이렇게 믿고 있다. 프랜시스 드레이크가 세계일주 여행에서 돌아왔을 때 몇 개피의 담배를 갖고 왔다. 그는 그중 얼마를 롤리에게 주었고 롤리는 그것으로 흡연의 관습을 영국에 소개하게 된 것이라고 한다. 분명히 롤리는 엘리자베스 시대의 어느 누구 못지않게 영국의 흡연 장려에 힘썼다. 그는 엘리자베스 여왕의 양해 아래 그것을 장려했다. 전설에 따르면 때때로 롤리와 여왕 사이에 흡연을 둘러싸고 논쟁이 벌어졌다고 한다. 하루는 롤리는 여왕에게 담배에 대한 지식을 자랑하고 얼마만한 양의 담배에서 어느 정도의 연기가 나오는지 그 무게까지도 잴 수 있다고 공언했다고 한다.*

여왕은 어떻게 연기의 무게를 잴 수 있는지 전혀 몰랐기 때문에 롤리와 내기를 했다. 롤리는 얼마쯤의 담배의 무게를 달고 나서 그것을 피우고 남은 재의 무게를 달았다. 피우기 전의 담배 무게에서 재의 무게를 뺀 것이 연기의 무게라고 그는 말했다.

여왕은 그것을 부정하지는 않았으나 사실 롤리의 답은 틀렸다. 담배가 타버린 부분은 공기 중의 산소와 결합하고 있으므로 연기 그 자체의 무게는 태우기 전의 담배의 무게와 재의 무게의 차보다 크다.

그러나 롤리는 엘리자베스 다음의 군주의 마음에 들지 못했다. 뿐만 아니라 새로운 왕 제임스 1세(James I, 1566~1625, 재위 1603~1625)는 흡연에 강력히 반대하여 《담배에의 반격

* 케일리, 《롤리경의 생애》; A. Cayley, The Life of Sir W. Raleigh, 1806

(Counterblast to Tabacco)》(1604)이라고 표제가 붙은 팸플릿을 통해 맹렬히 비난했다. 그 속에 그는 이렇게 쓰고 있다. 「담배를 영국에 들여 온 것은 국왕도 아니고 위대한 정복자도 아니며 학식 많은 의사도 아니다. 그 사람은 일반에게 미움을 산 한 인물이었다.」

많은 지면으로 담배에 대한 강력한 혐오의 뜻을 나타낸 후 제임스 1세는 이렇게 결론을 맺고 있다. 흡연이라고 하는 부정하고 더러운 유행은 「눈에 불길하고 코에는 더욱 싫고 뇌에는 유해하며 폐에는 위험한 습관이다. 거기서 올라오는 검고 악취나는 연기는 밑바닥 없는 탄갱에서 나오는 무서운 스티기아(Stigia, 지옥)의 연기와 아주 흡사하다.」

그처럼 〈미움 받은〉 인물은 롤리였다. 그는 틀림없이 제임스 1세에게 미움을 받았다. 제임스가 엘리자베스 여왕이 죽은 뒤 자신이 왕위에 오르는 것을 롤리가 막으려는 음모를 꾸몄다고 의심하였기 때문이다. 롤리는 반역죄로 고발되어 사형을 선고받았으나 처형을 유예 받은 이후 13년간 런던 탑(Tower of London)에 유폐되었다. 1616년 석방되어 항해탐험에 나섰다. 항해 중에 미국에 있는 에스파냐의 식민지 중 하나를 불태워서 에스파냐 왕의 노여움을 샀다. 에스파냐 왕은 그의 죽음을 요구하였고 제임스는 승낙했다. 아마 제임스는 에스파냐와 싸우기 싫었던 모양이다.

어떤 저술가는 롤리가 죽음에 이를 때까지 담배에 대한 미련을 버리지 못하고 사형대에 오르기 전에 마음에 드는 파이프로 담배를 피움으로써 「일부 여성들을 떨게 했다」고 쓰여 있다. 그러나 그의 전기를 쓴 저술가는 「그것은 그의 정신을 진정시

키는 데 적당한 것으로서 나는 그것을 잘했다고 생각한다」라고
평가했다.*

---

* 오브리, 《유명한 사람들에게 쓰인 편지》; J. Aubrey, Letters Written
to Eminent Persons, 1813

9. 보랏빛 속에서 태어나

티레의 보랏빛

옛날 티로스(Tyros)라는 아름다운 처녀가 연인 헤라클레스
(Herakles)와 함께 티레(Tyre) 마을* 근처의 해안을 산책했다.
헤라클레스의 개가 모래사장을 돌아다니다 조개를 물었다. 조
개에서 흘러나온 즙이 개의 코에 묻어 몇 분 동안 보랏빛으로
물들였다. 티로스는 그 빛깔에 넋을 잃고 헤라클레스에게 자기
를 사랑하고 있다는 증표로 같은 빛깔로 천을 물들여 달라고
부탁했다. 헤라클레스는 고생한 끝에 가까스로 티로스에게 아
름다운 보랏빛 드레스를 선물했다고 한다.**

우연히 보랏빛 염료를 발견한 이 이야기는 신화의 세계에 속
하나 실제로 기원전 15세기쯤부터 보랏빛 염료를 조개에서 얻
어 만들고 있었던 것을 알 수 있다. 이 조개는 악귀(惡鬼)의 조
개(Murex)로 불리는 종류에 속하나 여러 가지 면에서 매우 큰
쇠고둥(赤螺)과 비슷하다. 이 이야기에서는 편의상 쇠고둥으로
부르기로 한다.

이 쇠고둥은 독특한 액을 분비하며 그 액은 혈액 또는 목 밑
에 있는 주머니에 들어 있다. 금방 채취한 액은 빛깔이 없다.
그러나 공기와 볕에 놓아두면 급속히 빛깔이 변하며 처음에는
엷은 황색, 다음에 엷은 녹색이 되고 푸른색에서 붉은색, 맨 나
중에는 선명한 보라색이 된다.

티레의 사람들은 기묘한 방법으로 쇠고둥을 잡았다. 쇠고둥

---

* 고대 페키니아(Phoenicia)의 항구, 현재 레바논(Lebanon)의 수르(Sur)
** 비르길리우스; Posidore Virgil, 1663

은 길고 딱딱한 혀를 갖고 있고 먹성이 좋으며 그보다 작은 조개, 특히 섭조개(蛤貝)를 먹고 사는 것이 알려졌다. 섭조개는 두 장의 조개껍질을 가진 조개이며 경첩으로 연결된 두 장의 조개껍질은 재빠르게 열렸다 닫혔다 할 수 있다. 티레의 어민들은 산 섭조개를 아주 큰 둥우리 속에 넣어서 배로 쇠고둥이 있는 곳까지 운반하여 둥우리에 밧줄을 매어 바다에 던진다. 섭조개는 물에 들어가면 먹이를 잡으려고 껍질을 벌린다. 쇠고둥은 먹이가 조개껍질을 벌린 것을 알고 섭조개를 향해 헤엄쳐 와서 딱딱한 혀를 그 살 속에 찔러 넣는다. 그러면 섭조개는 당황해서 껍질을 꽉 닫아버리기 때문에 쇠고둥의 혀가 조개 사이에 끼여 버린다. 이리하여 쇠고둥은 둥우리 속에 붙잡혀 빠져나갈 수 없게 된다.

또 염료를 만드는 방법은 쇠고둥의 크기에 따라 다르다. 큰 조개는 혈관을 잘라버리고 따뜻한 물로 귀중한 액을 씻어낸다. 많은 쇠고둥에서 채취한 액에 소금을 섞어 며칠 동안 그대로 둔다. 그런 다음 끓여서 여러 가지로 공들여 처리를 가하면 보랏빛 염료가 만들어진다. 작은 쇠고둥을 껍질째로 부수어서 물에 넣고 삶아 같은 방법으로 처리한다.*

이 산업이 매우 번창했던 것은 틀림없다. 오늘날에도 티레 근처에서는 쇠고둥 껍질로 된 산을 몇 개나 볼 수 있고 시돈(Sidon, Zidon)에는 그 무렵 사용되었던 둥우리가 지금도 남아 있기 때문이다. 티렌은 고대 페니키아의 수도로, 많은 시민들은 상인이었으며 수륙으로 교역하여 당시 알려진 세계각처에 발을 뻗쳤다.** 이 상인들은 보랏빛 염료의 명성을 멀리까지 알렸기

---

* 플리니우스, 《자연사》; Plinius, Historiae naturalis Vol. 9

때문에 그것은 〈티레의 보랏빛〉 또는 〈티레의 색깔〉이라 불리게 되었으며 원료가 되는 쇠고둥은 〈푸르푸라(Purpura, 보랏빛 조개)〉라고 했다. 만드는 방법에 따라서는 색조가 훨씬 진한 붉은 색에서 보랏빛까지 여러 가지로 바꿀 수도 있었다.

보랏빛은 특권적인 색깔이 되다

어떤 고대의 저술가는 다음과 같이 말하고 있다.

『사람들이 염료로서의 보랏빛을 알게 되자 곧 그것을 모든 색깔 중에서 가장 고귀한 것으로 생각하였을 뿐만 아니라 신들도 가장 마음에 들어 하는 빛깔로 생각했다. 따라서 그것은 단연히 종교적 의식과 그것을 관장하는 성직자에도 어울리고 또 군의 고위층을 일반인과 구별하는 데도 적합하다고 여겨졌다.』

보랏빛에 특권적인 지위가 주어진 이유는 많다. 그것은 그무렵 가장 아름다운 빛깔이었고 다른 빛깔과 달리 거의 바래지지 않았다. 또 만드는 데 많은 비용이 들기 때문에 부자가 아니면 손에 넣을 수 없었다. 티레의 보랏빛은 짙은 빨간색으로 사용되었는데 피와 같은 빨간색은 어떤 사람들에게는 생명의 상징이었고 다른 사람들에 있어서는 아침 해를, 따라서 힘의 근원을 나타냈다.

고대에 있어서는 일부 사람들에게만 보랏빛이 사용이 허가되었던 예가 많이 있다. 로마에서는 일찍이 시(市)가 창립될 때부터 보랏빛 옷은 왕, 황제, 주요한 집정관밖에 입을 수 없었다. 네로 황제(Nero, 37~68, 재위 54~68) 시대에는 보라색 옷을 입

** 《과학사의 뒷얘기 1》(화학), 1장 참조

84

을 수 있는 특권은 엄격히 지켜지고 왕족이 아닌 사람이 입으면 죄가 되어 죽음과 재산몰수로 처벌될 정도였다. 다른 많은 나라에서도 티레의 보랏빛은 마찬가지로 귀중히 여겨졌다. 알렉산더 대왕(Alexander Ⅲ, Alexander the Great, B.C. 356~323)과 페르시아의 여러 왕들도 보랏빛의 옷을 입는 것을 왕의 특권으로 여겼다. 또 클레오파트라(Cleopatra, B.C. 69~30)가 탄 배는 다른 배와 구별하기 위하여 보랏빛 돛을 달았다.*

승려의 보랏빛 법의와 사원의 보랏빛 천은 구약성서에도 여러 번 나온다. 특히 청, 진홍, 금색과 함께 사용된 대목이 많다. 모세(Moses)는 '주름 잡힌 리넨(Linen, 아마포)으로 만든 청색, 자색, 진홍색의 커튼을 十자로 드리운' 막을 친 지붕으로 만들었고, 또 '주는 그에게 제단 위에 보랏빛 천을 펴도록 명했다.' 솔로몬 왕(Solomon, B.C. 973~933)도 '레바논의 나무로 전차를 만들어 그것에 보랏빛의 덮개를 덮었다.' 창피를 줄 목적으로 보랏빛을 쓴 예는 예수가 십자가에 못 박혔을 때 '그들은 그에게 보랏빛 옷을 입히고 가시면류관을 짜서 그의 머리에 올려놓았다'는 데서 볼 수 있다. '그들은 그를 조롱한 뒤에 보랏빛 옷을 벗기고 그의 옷을 도로 입혀서 십자가에 못 박기 위해 그를 끌어냈다.'

높은 지위에 있는 많은 승려들은 보랏빛 법의를 입었다. 특히 여러 신에게 희생을 바칠 때 그랬다. 마그네시아(Magnesia)에 있는 제우스(Zeus)의 신관도 그랬고, 헤라클레스의 신관, 시리아(Syria)의 히에라폴리스(Hierapolis)의 신관도 그랬다. 그리스도교회의 높은 승려들은 중요한 제전에서는 보랏빛 법의를

* 《과학사의 뒷얘기 1》(화학), 3장 참조

입었다. 지금까지도 사교(司敎)는 보랏빛을 입는다.

적출할 남자를 보랏빛으로 식별

고위층의 사람들을 위해 만들어진 초기의 성서중에는 보랏빛의 양피지(羊皮紙)를 본문으로 하고 거기에 금, 은으로 글씨를 써 넣은 것도 있었다. 그러나 보랏빛의 사용법 중에서 특히 재미있는 것은 '보랏빛 속에서 태어나'*라는 어귀를 낳게 한 얘기이다. 이 이야기는 몇 가지 있으나 다음에 기술하는 것이 일반적으로 받아들여지고 있다.

위대한 황제 콘스탄티누스(Constantinus Ⅰ, 272~337, 재위 324~337)는 서기 4세기에 콘스탄티노플시를 세워 대(大) 비잔틴 제국(Byzantine, 동로마제국의 별칭)의 수도로 삼았다. 이 제국의 역사를 통하여 유명한 지배자가 많이 출현했고 그중에 《로마법대계》**를 편찬한 유스티니아누스 1세(Justinianus Ⅰ, 483~565, 재위 527~565, 11장 참조)와 바실리우스 1세(Basilius Ⅰ, 827~886, 재위 867~886)가 있다. 두 황제 모두 보랏빛을 왕의 빛깔로 여겼으나 바실리우스는 실제로 그것을 바탕으로 하여 새로운 왕실의 습관을 만들었다. 황제는 몇 사람이든 마음대로 아내를 거느릴 수 있었으나 그 중 두 사람만이 〈적법한 아내〉, 즉 정실(正室)로서 정실이 낳은 남자만이 제위를 계승할 수 있었다. 바실리우스가 만든 예법은 자식 중에 누가 정실이 낳은 아이이고 제위계승의 권리를 갖고 있는지를 모든 신하들

---

* Born in The Purple, 「왕가에 태어나서」라는 의미로 지금도 숙어로서 사전에 남아 있다.
** Corpus juris civilis: ① Codex constitutionum, ② Digesta(Pandectae), ③ I nstitutiones, ④ Novellae

86

적자(嫡子)는 보랏빛 방에서 태어났다

에게 분명히 할 것을 목표로 했다.*

바실리우스는 궁전 안의 침실 중의 하나를 〈보랏빛의 방〉으로 이름 붙이도록 선포하고 보랏빛의 커튼으로 장식했다. 그의 정실만이 이 방을 사용하는 것이 허용되어 〈적법의〉 자식은 꼭이 보랏빛 방에서 탄생하도록 준비되었다(어떤 저술가는 또한 새로 태어난 황제의 적자는 즉시 보랏빛 천으로 감쌌다고 덧붙이고 있다). 바실리우스는 또 〈보랏빛의 방〉에서 태어난 남자에게는 모두 〈포르피로 게니투스(Porphyro Genitus)〉 즉, 「보랏빛 속에서 태어나다」라는 뜻의 칭호를 붙이도록 선포했다. 그래서 이 황제의 선포가 있은 뒤 정실이 최초로 낳은 아들은 콘스탄티누스

* 《브리타니카》; Encyclopaedia Britannica, 9th, ed.

포르피로 게니투스로 명명되었다. 이윽고 「보랏빛 속에서 태어
나다」 라는 말은 지배자가 되게끔 태어난 사람을 의미하게 되
었다.

이 중요한 염료는 극히 한정된 장소에서만 만들어 졌고 쓰였
으므로 그 제조방법의 비밀은 극히 몇 사람밖에 몰랐다. 그러
나 세월의 흐름에 따라, 특히 비잔틴제국이 쇠퇴함에 따라서
이 염료의 중요성이 줄었다. 1453년 콘스탄티노플이 터키사람
들 손에 함락된 뒤에 생산도 점점 줄어 드디어는 중지되고 그
것을 만드는 비법도 잊혀졌다. 그 대신에 다른 원료에서 얻은
염료가 사용되었는데 그 일례로 1464년 법왕은 추기경이 착용
하는 법복은 진홍색이어야 한다고 선포했다. 진홍색의 염료는
곤충에서 채취했다(10장 참조).

10. 두 가지 식물염료

퍼킨(Sir. William Henry Perkin, 1833~1907)이 실험실에서
염료를 만들 수 있다는 것을 발견하기* 전까지는 모든 염료는
동식물에서 채취되었다. 천연염료의 일례로 티레의 보랏빛에
대해서는 9장에서 얘기했다. 다른 천연염료에는 다음과 같은
것이 있다. 붉은 염료인 〈연지(臙脂, Scarlet)〉는 어떤 곤충**에
서 채취되어 1464년 이후 추기경의 법복에 쓰였다. 〈터키 레
드(Turkey Red)〉라 불리는 염료는 꼭두서니의 뿌리에서 채취되
었다. 사프란(Saffron)이라 불리는 오렌지색의 염료는 금색 크로
커스(Crocus) 또는 잇꽃(Safflower)에서 채취되었다.

사프란의 역사

사프란의 역사는 길다. 먼 옛날부터 염료, 화장품, 향료, 또
요리에도 사용되어 왔다. 잇꽃은 다른 크로커스의 꽃과 같이
붉은 오렌지색의 수술이 튀어나와 있다. 이른 아침 막 피려고
하는 꽃을 따서 모은다. 꽃에서 수술만 많이 따서 판자 사이에
넣고 짓누른 후 가열하면 덩어리가 되어 가루로 빻을 수 있게
된다. 약 4,000개의 꽃에서 가루는 단 30g 밖에 나오지 않는
다. 때문에 사프란의 염료는 매우 값이 비싸서 부자가 아니면
구할 수 없었다.

고대 그리스에는 이 선명한 오렌지색이 왕족이 쓰는 신성한

---

* 《과학사의 뒷얘기 1》(화학), 11장 참조
** 선인장에 끼는 조개벌레류의 연지벌레, 코치닐(cochineal) 조개벌레라
고도 한다.

색이 되었다. 고대 에이레에서는 사프란을 쓸 수 있는 사람이 원주민의 왕뿐이었다. 왕은 사프란으로 염색한 리넨으로 망토를 만들어 걸쳤다. 이 습관은 몇 백 년 계속 되었으나 헨리 8세는 '사프란으로 염색한 셔츠, 작업복, 머릿수건, 손수건, 리넨 모자' 등을 착용하는 것을 범죄로 하는 법령을 만들어 금지시켰다. 이 색은 스코틀랜드의, 특히 서쪽의 여러 섬에서도 높은 지위를 가진 사람들만이 쓰는 것으로 되어 있었다. 거기서는 「여러 섬의 귀족들이 처음에 입은 의복은 이 풀로 염색한 셔츠였다. 그것은 무릎 밑까지 닿는 긴 상의로서 허리에 혁대를 돌려 묶었다」고 한다.*

이 의복은 〈레니크로이치(Lenicroich)〉라고 불렀으며 레니는 셔츠를, 크로이치는 사프란을 의미했다. 사프란은 다른 데도 많이 사용되었다.** 예를 들면 그 향기는 로마황제 네로에게 매우 사랑을 받아 네로는 자신이 로마의 거리를 다닐 때는 사전에 사프란 가루를 뿌려놓도록 명령했다고 한다. 로마 부자들은 자기 집 방이나 집회실의 바닥에 금방 딴 금색 크로커스 꽃을 뿌려 놓았다.

사프란 가루는 독특한 맛이 있어 요리에 쓰이게 되어 최근까지 수프며 모든 요리의 조미료로 쓰였다. 또 케이크나 빵의 〈반죽〉에 넣어서 노란색의 빛깔을 내기도 했다.

---

* 마틴, 《스코틀랜드의 서방제도에 관한 기술》; M. Martin, A Description of the Western Islands of Scotland, 1716
** 《브리타니카》 9판

사프란 월든의 문장

사프란을 영국에 도입

16세기의 한 저술가는 단 한 개의 사프란 구근(球根)을 1339년 북아프리카의 '트리폴리(Tripoli)에서 80㎞ 떨어진 높은 언덕 위에 있는 곳'에서 몰래 영국에 들여왔다는 이야기를 쓰고 있다. 당시 이 식물을 나라 밖으로 반출하는 것은 사형에 처해질 정도로 무거운 범죄였다.

『유명한 텔레신(Telensin)의 시내에서 남쪽으로 10㎞쯤 간 바바리(Barbary)에서 멀지 않은 곳에 후베드(Hubbed)라 불리는 성벽에 둘러싸인 거리가 있었다. 이 거리에 사는 사람들은 사실상 모두 염색을 직업으로 하고 있었다. 사프란 월든(Saffron Walden)에서 시작된 소문에 따르면 한 사람의 순례자가 자기 나라에 도움이 될 수 있는 일을 하려고 사프란의 뿌리를 하나 훔쳐, 미리 속을 파서 구멍을 내둔 순례자의 지팡이 속에 감추어 이 나라에 반입했다. 그것은 목숨을 건 모험이었다. 만약 체포되면 이 행위로 인하여 그것을 기르고 있는 나라의 법률에 따라 사형되었을 것이기 때문이다.』*

순례자는 에식스(Essex)의 어느 시장 거리에 정착하여 영국에 가져온 단 하나의 구근으로 이 식물을 재배하기 시작했다. 이 시장거리는 그때 체핑 월든(Cheping Walden)이라 불렸다.

이 순례자의 이야기를 현재는 믿지 않고 있다. 소수의 저술가들은 사프란은 로마시대부터 영국에 알려져 있었다고 말하고 있다. 한편 다른 저술가들은 에드워드 3세(Edward Ⅲ, 1312~1377, 재위 1327~1377) 시대에 살고 있던 토머스 스미드 경 (Sir. Thomas Smith, 1513~1577)이 이것을 영국에 가져왔다고 한다.* 그러나 사프란의 재배가 에드워드 3세 때 조그마한 시장 거리인 월든의 중요한 산업이 되어 18세기 중엽까지 계속 번창했다는 것을 의심할 여지가 없다.

16세기 초, 월든을 자치령으로 지정한다는 특별 허가가 주어졌다. 자치령인 시(市), 촌(村)은 모두 문장(紋章)을 가져야 했는데 월든이 고안한 문장은 세 개의 사프란 꽃을 성벽으로 둘러싼 도안이었다. 이 디자인은 이 '성벽으로 둘러싸인' 거리의 주요 산업이 사프란의 재배라는 것을 나타내 주고 있다.

꼭두서니, 뼈를 물들이다

고대로부터 사용된 또 하나의 식물염료는 꼭두서니에서 채취한 것이다. 이 풀은 약 1m의 높이로 자라고 뿌리는 가늘고 길며 잘게 갈라져 퍼진다.

뿌리의 속과 껍질 사이에는 빨간 층이 있다. 뿌리를 말려서

---

* 해클루잇, 《영국국민의 항해, 여행, 발견》; R. Hakluyt, Navigations, Voyages and Discoveries of the English Nation, Vol. V, 1809-1812
* 모, 《크로커스속》; G. Maw, The Genus Crocus, 1886

도리깨로 두드린 후 더러운 것을 털고 맷돌로 가루를 간다.*
꼭두서니의 잎은 소의 먹이로 쓰였으나 소가 그것을 먹으면 우
유는 붉은색으로 되고 버터는 노랗게 되었다. 그러나 해는 없
었다.

꼭두서니는 고대 이집트 사람들이 알고 사용했던 것 같다.
이것으로 염색한 천이 미라에서 나왔기 때문이다. 옛날 책에
꼭두서니에 관한 것도 종종 나오며 19세기까지도 널리 쓰였다.
터키의 염료업자들은 꼭두서니를 아주 잘 써서 다른 염색업자
보다 훨씬 좋은 빨간색을 나타냈다(그래서 꼭두서니의 빨강은 터
키 레드라고 불렸다). 그러나 터키 사람들의 방법은 수백 년 동
안이나 엄격한 비밀로 되어 있었다.

영국에서의 꼭두서니 재배는 일부의 농가에서 잎을 소의 먹
이로 이용한 것 외에는 거의 발전하지 않았다. 그러나 소수의
농가에서 가정염료로 쓰였고 그 중 한 시도가 매우 재미있는
발견을 낳았다.

1736년 어느 날 존 벨처(John Belcher)라는 외과의사가 농부
인 친구와 식사를 하고 있었다. 농부가 자기 집에서 기른 돼지
의 고기를 자를 때 벨처는 뼈에 빨간 빛깔이 물들어 있는 것을
보고 그 까닭을 물었다. 농부는 이렇게 설명했다. 그 돼지를 잡
기 전에 그는 꼭두서니로 한 장의 캘리코(Calico, 옥양목)를 염
색하려 했다. 그러나 염색된 빛깔은 생각했던 밝은 빨간색이
아니고 거무죽죽한 빨강이었다. 그래서 그는 그 색깔을 빼버리
려고 천을 세탁하는 솥에 넣어 삶고 염료를 빨아내게 하려고
보릿겨를 넣었다. 염료를 빨아들여 빨갛게 된 보릿겨를 버리지

---

* 리즈, 《사이클로피디어》; A. Rees, Cyclopaedia, 1819

94

않고 돼지에게 먹였다. 지금 자르고 있는 것은 그 겨를 먹은 돼지 중 한 마리였다.

벨처는 뜻밖의 결과에 매우 흥미를 느껴 남은 돼지고기를 철저하게 조사했다. 요리하지 않은 부분의 뼈, 이빨도 역시 빨갛게 물들어 있다는 것을 알았다. 뼈를 잘라 쪼개 보아도 가장자리를 빼고 속까지도 빨갛게 되어 있는 것을 알았다. 가장 자리는 다른 부분보다 작은 구멍이 많고 해면과 같이 되어 있었다. 시험적으로 뼈를 물에 넣어 몇 주일 동안이나 계속 삶아 빨간 물질을 녹여내려고 했다. 그러나 뼈는 붉은색 그대로 있었다. 그래서 벨처는 이 빨간 물질은 뼈에 완전히 융합되어 영구히 빛깔이 바래지 않을 정도로 염색된 것이라고 확신했다.[*]

다음에 그는 빨간 색깔이 돼지의 뼈 속에 함유되어 있는 특별한 물질에 원인이 있는지의 여부를 알려고 실험을 진행했다. 그는 꼭두서니의 뿌리의 분말을 먹이에 섞어서 수탉에게 먹였다. 그 후 어떤 일이 일어났는지를 그는 다음과 같이 기술하고 있다.

『그 수탉은 꼭두서니를 먹기 시작하여 16일 못가서 죽었기 때문에 해부하여 뼈를 조사했다. 나는 단기간 내에 뼈에 색깔이 물들 것이라고는 전혀 예상하지 않았으나 뼈는 모두 빨갛게 물들어 있었다.』

벨처는 이렇게 평했다.

『혈액순환이 뼈의 내부까지도 되고 있다는 것은 외과에서 관찰되는 많은 현상으로 명백했다. 그러나 뼈 중에도 가장 딱딱하고 치밀한 물질 사이에도 피는 보편적으로 또 빈틈없이 분포하고 있다는 것은 여기서 일어난 실례로 보아서 부정할 여지도 없을 정도로 명백한 일이다.」

벨처가 실험할 때까지는 이 사실을 의심하는 외과의사가 많았다.

꼭두서니, 뼈의 성장연구를 돕다

뼈가 꼭두서니에 의해서 빨갛게 물드는 것을 발견한 것은 벨처가 처음은 아니었다. 그보다 일찍이 16세기에 벌써 관찰되고 있었다. 그러나 최초의 관찰에서 거의 아무런 결과도 나오지 않았는데 벨처는 자신의 발견을 「영양만으로 적색으로 변한 동물의 뼈에 대하여」(여기서 영양이란 식품을 의미한다) 라는 제목의 논문으로 발표했다. 이 논문은 많은 관심을 불러 일으켰다. 더욱이 프랑스에서는 농가에서 네덜란드의 꼭두서니 산업의 주도권을 빼앗으려고 꼭두서니 재배가 굉장히 중요한 것으로 여겨져 더욱 그러했다. 한 과학자가 뼈의 염색에 각별히 관심을 가졌다. 그는 생리학자이며 농학자인 앙리 루이 뒤아멜 뒤몽소 (Henri Lousis Duhamel-Dumonceau, 1700~1782, 보통 뒤아멜로 불린다)였다. 그는 두 가지 목적이 있었다. 하나는 동물의 뼈가 어떻게 성장하는가를 연구하는 것이었으며 또 다른 하나는 터키 염색가들의 비밀을 찾아내려는 것이었다.[*]

뒤아멜은 비둘기며 다른 새를 가지고 벨처와 같은 실험을 했다. 어떤 실험에서는 새들에게 하루 걸러서 꼭두서니를 먹였다. 또 다른 실험에서는 며칠 동안 꼭두서니를 먹이지 않는 실험을 몇 번이나 되풀이했다.

---

[*] 톰슨, 《화학사》; T. Thomson, A History of Chemistry, 1830

뒤아멜이 얻은 결과는 놀랄 정도로 굉장했다. 실험한 동물의 뼈가 실로 매력 있는 모양으로 염색되었기 때문이다. 뼈의 단면에는 새가 꼭두서니를 먹지 않은 시기에 대응하여 빛깔이 없는 투명한 윤층(輪層)이 있고 꼭두서니를 먹은 시기에 대응하여 빨간 윤층이 있었다. 빨간 테두리와 무색의 테두리가 서로 교대로 줄지어져 있었고 테두리의 넓이는 보통 먹이를 주었던 기간과 꼭두서니를 주었던 시간의 길이에 따라 달랐다. 뒤아멜은 빨간 테두리를 조사함으로써 뼈의 성장에 관해 귀중한 지식을 얻을 수 있었다. 그는 또 빨간 염료는 뼛속의 칼슘염에 의하여 뼈의 성분 물질 중에 고정된다고 결론지었다. 이 사실에서 그는 터키 레드의 품질이 우수한 것은 터키 사람들이 칼슘염을 사용하기 때문이 아닌가 하고 생각했다. 그러나 무슨 이유에서인지 그 가능성을 추구하지는 않았다.

꼭두서니 재배의 성쇠

나폴레옹 전쟁 이후로도 계속되는 전쟁으로 인해 프랑스 농업은 피폐해졌고 꼭두서니가 재배된 경작 면적은 대폭 감소했다. 그 때문에 프랑스의 염색업자는 네덜란드나 근동(近東)에서 이 염료를 대량으로 수입해야 했다.

1830년 루이 필립(Louis Philippe, 1773~1850, 재위 1830~1848)은 프랑스의 지배자가 되자 꼭두서니의 재배를 장려했다. 이것은 농가 자체의 가계를 도울 뿐만 아니라 꼭두서니를 사들이기 위하여 외국에 많은 돈을 지불할 필요가 없게 되므로 국가경제도 개선할 수 있었다.

루이 필립은 또 그 무렵 프랑스에 근무하고 있던 스위스 연대 고용을 폐지했다. 이 연대의 병사는 몇 백 년 전부터 프랑스 및 그 밖의 나라에 고용되어 급료를 받고 군에 복무하여 왔다. 그들은 진홍색 군복을 착용한 반면 프랑스 보병은 나폴레옹 시대부터 청회색의 외투를 입고 있었다. 루이는 스위스 병사의 제복의 빛깔에서 착안하여 그 후 프랑스 보병은 빨간 모자를 쓰고 빨간 바지를 입도록 명령했다. 이것은 꼭두서니의 재배를 돕기 위해서였다. 이 명령은 1차 세계대전까지 효력을 가졌다.

이 명령이 나오기 700년 전에도 영국의 헨리 2세(Henry Ⅱ, 1133~1189, 재위 1154~1189)는 꼭두서니 염료의 사용에 관하여 명령을 발표했다. 수렵장에서 입는 외투는 빨간색으로 염색하지 않으면 안 된다는 것이었다. 이 습관은 현재도 계속되고 있다. 다만 꼭두서니는 이제 사용되고 있지 않다. 퍼킨이 모브(Mauve)를 발견하고서는* 콜 타르(Coal Tar)에서 멋진 염료가 만들어질 수 있다는 것이 확실해졌다. 1896년에 꼭두서니보다 훨씬 좋은 빛깔을 낼 수 있고 더욱 싼값으로 살 수 있는 염료가 만들어졌다. 이 인공적으로 만들어진 새로운 염료는 〈알리자린(Alizarine)〉이라 명명되었다. 그것은 꼭두서니를 의미하는 근동지방의 말로서 〈라자리(Lazari)〉 또는 〈알라자리(Alazari)〉에서 유래한다.

이 발견이 있은 후 꼭두서니 산업의 운명은 결정되었다. 농민들은 새로운 작물을 찾지 않으면 안 되었다. 실제로 식물염료의 생산에 종사하는 사람들 대부분이 새 직업을 찾아야 했던 것은 그리 오래된 일이 아니었다.

---

* 《과학사의 뒷얘기 1》(화학), 11장 참조

11. 두 수도승, 누에알을 훔치다

누에 발견의 전설

지금부터 4,000년도 더 되는 먼 옛날, 중국에서 서릉씨(Hsi
Ling Shi)라 불린 왕비가 궁전의 뜰을 거닐고 있었을 때 뽕잎에
올라앉은 한 마리의 유충이 부지런히 실을 몸에 감고 있는 것
을 보았다. 하루 이틀 사이에 호두만한 크기의 주머니가 되고
몸은 완전히 그 속에 숨었다. 왕비는 더욱 주의 깊게 주머니를
관찰한 결과 나중에는 그 속에서 나방이 나오는 것을 알고 깜
짝 놀랐다. 왕비는 이 기묘한 일에 대해 알아보려고 생각했다.
전설은 이렇게 말하고 있다.*

그녀는 수수한 빛깔의 나방이 뽕잎에 작은 알을 많이 낳는
것을 보았다. 알은 태양열로 부화되어 아주 작은 유충이 되었
다. 유충의 식욕은 대단하여 쉴 새 없이 뽕잎을 먹어댔다. 몸집
은 부쩍부쩍 커지고 껍질은 너무 딱딱해져 벗어 버리지 않으면
안 됐다. 묵은 껍질은 벗으니까 밑에서 새 껍질이 준비되어 있
었다. 이렇게 몇 차례 껍질을 벗고 완전히 성장하면 길이 7~8
㎝의 하얀 벌레가 되었다. 이 곤충은 지금 누에(Silkworm, 명주
벌레)라고 불리고 있다.

왕비는 성숙한 누에가 입술 근처에 있는 두개의 구멍에서 실
을 토해내는 것을 알았다. 두 줄의 실은 서로 붙어서 한 가닥
의 실이 된다. 누에는 쉴 새 없이 실을 토해내면서 머리를 전
후좌우로 움직여 몸 둘레에 실을 감아 붙인다. 사흘정도 지나
면 실은 빈틈없이 짜여 구멍이 막힌 주머니가 되어 누에의 몸

---

* 《브리타니카》 9판

은 완전히 갇히게 된다. 이 주머니를 〈누에고치〉라고 한다. 이
윽고 누에고치 안에서는 이상한 변화가 일어나 유충은 우아한
나방으로 모습을 바꾼다. 나방은 고치를 깨물어 뚫고 밖으로
나와 잠시 뽕잎 위에서 쉬고 햇볕을 쬐며 몸을 정돈한다. 얼마
후 짝을 만나 교미한다. 교미한 후 수놈은 죽는다. 암놈은 알을
낳고 수놈의 뒤를 따라 죽는다.

왕비는 고치를 조사해 보고 실이 아주 가늘고 아름다운 것에
너무도 놀랐다. 또 나방이 고치를 물어뜯고 바깥으로 나올 때
실을 끊어버리는 것을 알았다. 왕비는 누에가 나방이 되어 바
깥으로 나가려고 고치를 물어뜯기 전에 고치를 뜨거운 물에 넣
어서 죽여 버리기도 했다. 그러고 나서 왕비는 고치의 실을 풀
어 보았다. 놀랍게도 실의 길이는 약 1km나 되었다.

그리고 왕비는 이 실로 천을 짜려는 기발한 착상을 했다. 곧
이 옷감을 짜는 기계가 발명되어 아름다운 비단이 만들어지게
되었다. 왕비가 죽을 때까지 중국의 모직물 산업은 착실히 확
립되어 이후 이 나라에 큰 부를 가져왔다. 중국에서 짠 견직
물은 특히 예수가 출생한 무렵 아주 귀한 대접을 받았다. 그
무렵 로마 사람들은 명주를 살 때 무게를 달고 그 대금으로 같
은 무게의 금을 지불했다고 한다.*

명주의 비밀과 명주의 여정

이 값비싼 직물이 어떤 방법으로 만들어지는지 그 비밀을 알
아내려고 여러 가지의 노력이 시도되었으나 중국 사람들은 갖

---

* 《모직공업의 기원에 관한 논설》; Treatise on the Origin of the Silk
Industry, 1831

가지 수단을 다하여 그것을 비밀로 유지하려 했다. 그 수단의 하나는 일부러 그릇된 정보를 유포하는 것이었다. 예를 들면 그 실은 면양에 물을 매일 부어주면 되며 물은 퍼붓는 사이에 원래 굵고 거친 털이 길고 가늘고 아름다운 털로 변하는 것이라는 이야기를 유포시켰다. 이런 갖가지 수단으로 중국 사람들은 명주의 비밀을 3000년 동안이나 빈틈없이 지켜왔다. 그러나 끝내는 매우 로맨틱한 방법으로 폭로되었다.

서기 300년경 중국의 어떤 왕녀가 인도의 왕자와 약혼했다. 왕녀는 결혼기념으로 새 백성에게 귀중한 선물을 하고 싶다고 생각했다. 그래서 그들에게 명주 만드는 비밀을 가르쳐 줄 결심을 하고 누에의 알을 인도에 남몰래 가져갈 계획을 세웠다.*

그 무렵 중국 상류사회의 여성, 특히 왕족의 귀부인들은 온통 보석을 아로새긴 매우 높은 관을 머리에 쓰고 다니는 습관이 있었다. 왕녀는 이 관이야말로 작은 알을 안전하게 감출 수 있는 곳이라고 생각했다. 그녀는 고국을 떠나기 전에 몇 개의 누에알을 머리에 쓰는 관 안에 교묘하게 감추어 새로운 집에 도착할 때까지 모르는 체했다. 결혼 후 그녀는 인도 백성에게 누에알을 부화시키는 방법은 물론 유충을 키우는 법과 천을 짜는 법까지 가르쳐 주었다.

같은 세기의 일본 사람들도 명주의 비밀을 알고 있었다. 이리하여 명주는 인도와 일본에서도 생산되기 시작하였으나 중국산 명주는 몇 백 년 동안은 지속적으로 유럽에서 매우 인기가 있었다. 비단은 중국에서 인도, 페르시아를 거쳐 지중해 여러 나라에 도달하는 고대제국의 간선도로[지금은 Silk Road(비단길)

---

* 캔스데일, 《고치명주》; C. H. C. Cansdale, Cocoon Silk, 1937

이라 불리고 있다]를 통하여 운반되었다. 낙타를 거느린 대상이 중국의 변경(邊境)에 집결하여 명주를 싣고 하미(Hami), 카슈가르(Kashgar), 사마르칸드(Samarkand)를 통하여 페르시아 북부를 거쳐 바그다드(Baghdad), 안티옥(Anticoch), 티레까지 모두 9,600km의 긴 여정을 했다. 이 지방들로부터 명주는 콘스탄티노플과 여타의 항구로 반출되었다.

페르시아는 지리적으로 명주를 받아서 다른 지방으로 내보내는 데 적합한 위치에 있었다. 페르시아의 많은 사람은 명주 상인이 되어 명주를 대상으로부터 사들여 그것을 여러 다른 나라에 운반하여 팔았다. 6세기에 들어서자 페르시아의 일부 국왕 또는 수장(首長)들은 광폭하고 호전적으로 변해 자기들의 이익을 위해서는 무력으로 명주시장을 지배하는 것도 주저하지 않았다.

황제, 수도승에게 누에알을 훔치게 하다

그들의 횡포는 유명한 유스티니아누스 황제의 분노를 샀다. 유스티니아누스는 동로마제국의 지배자로 그 수도는 콘스탄티노플에 있었다.* 유스티니아누스는 그리스도교로 때때로 이교도인 페르시아 사람들과 종교전쟁을 일으켰다. 그러나 평화 시에 있어서도 그는 우상숭배자의 나라에서 명주를 사들임으로써 자기 백성의 돈이 유출되는 것을 언짢게 생각하고 있었다.

유스티니아누스는 페르시아 이외의 다른 나라에서 명주를 사들이려고 여러 방법으로 노력했으나 처음에는 성공하지 못했다.

---

* 기본, 《로마제국의 쇠망》; E. Gibbon, The Decline and Fall of the Roman Empire, 1887

그러나 522년에 그 기회가 왔다. 페르시아인 수도승 두 사람이 콘스탄티노플을 방문하여 자기들이 선교사로 오랫동안 중국에 있었기 때문에 인기가 높은 명주를 어떻게 만드는지를 알고 있다고 진술했다. 그들이 말하기를 자기들은 종교상의 의무에 종사하는 동안 누에를 키우는 방법뿐만 아니라 명주실로 명주를 짜는 방법까지 깊은 흥미를 갖고 침착하게 관찰해 왔다고 했다. 이 지식을 팔고 싶으며 누에알을 중국 밖으로 갖고 나오는 방법도 알고 있다고 했다.

수도승들은 누에의 유충과 나방은 수명이 짧은 생물이기 때문에 오랜 기간 살아 있지 못할 것을 알고 있었다. 그러나 누에알이면 가령 여행이 8~9개월 걸린다 해도 괜찮을 것이라 확신했다. 그들은 아마 중국 왕녀가 알을 인도로 가져갔다는 전설을 들었을 것이다. 그들의 계획은 그 왕녀가 한 것과 꼭 같았기 때문이다.

두 수도승은 유스티니아누스 앞에 호출되어 황제에게 명주가 유충에서 만들어진다는 기묘한 뉴스를 전하고, 또 황제를 위하여 이 생물을 몇 마리 구할 수 있는 계획을 갖고 있다는 좋은 소식을 말했다. 황제는 만약 그들이 중국으로 들어가 누에알을 갖고 온다면 큰 상을 주겠다고 제안했다. 수도승들은 승낙했다. 황제가 많은 재물을 약속했기 때문이지만 동시에 그들은 명주의 제조, 판매와 같은 유리한 사업이 신앙이 없는 자들의 손에 독점되는 것을 좋게 생각하지 않았던 탓도 있었다.

두 수도승은 지독한 고생 끝에 누에알을 구하여 그것을 가장 간단하지만 예상 밖의 장소에 숨겼다. 두 사람은 모두 수도승의 지팡이를 갖고 있었다. 이것은 알을 숨기기에는 가장 좋은

수도승의 지팡이에 누에알을 감췄다

장소였다. 중국 사람들은 누구 하나 대지팡이 속까지 들여다
볼 생각은 하지 못하였기 때문에 두 수도승은 귀중한 보물을
감춘 지팡이를 갖고 무사히 콘스탄티노플로 돌아왔다.

　알을 따뜻한 곳에 놓아두었더니 잘 부화했다. 작은 유충에게
는 유럽의 이 지방에서 자라는 야생의 뽕잎이 주어졌다. 누에
는 무럭무럭 자라서 정상적인 과정을 거쳐 고치를 만들었다.

　두 수도승은 중국에서 배운 방법으로 고치를 처리하여 나중
에는 왕비 서릉씨가 몇 천 년 전에 했던 것처럼 명주실로 비단
을 짰다. 얼마간의 고치는 뜨거운 물에 넣지 않고 살려두어 고

치에서 나온 나방을 교미시켜 알을 낳게 했다. 이렇게 하여 명주의 연속적 공급이 가능하게 되었다. 몇 백 년이 지나서 중국에서 더 많은 알을 구하지 않으면 안 될 때까지는 수도승이 갖고 온 누에의 자손에 의하여 유럽에서 견직물이 만들어졌다.

진위를 둘러싸고

명주에 관해 몇 가지 전해오는 이야기 가운데 처음의 것은 역사적으로 비교적 확고한 근거가 있기 때문에 터무니없이 지어낸 이야기라고 할 수는 없다. 왕비 서릉씨는 중국에서 아주 옛날부터 견직물업의 창시자, 수호신으로 숭배되고 있다. 또 당시 중국의 부자들이 몇 천 년 전부터 호사스러운 명주로 만든 예복을 입었던 것은 거의 의심할 여지가 없다.

인도로 시집간 왕녀와 머리에 쓰는 관 이야기는 그 근거가 매우 희박하다. 4세기쯤 중국의 왕녀라면 이야기의 주인공 정도의 지식을 가지고 있었을 가능성은 확실히 있다. 그즈음의 왕족의 여성들은 대개 견직물업에 적극적인 관심을 갖고 있었기 때문이다. 그뿐만 아니라 양잠이 그 시대에 인도에 퍼졌던 것도 확인되어 있다. 그러나 인도 지방의 명주는 중국의 누에와 품종이 다른 누에의 실에서 만들어진 것 같다. 그러므로 왕녀의 이야기는 보통 실화라고는 생각되지 않는다.

유스티니아누스의 치세(治世)의 역사는 완전히 기록되어 있고 그가 정말로 중국의 누에를 동로마제국에 도입한 것에는 다른 의견이 없다. 그러나 일설에 의하면 두 수도승이* 알을 구한 장소는 호탄(Khotan)이고 중국 본토는 아니라고 한다. 이야기

---

* 성 바실리우스 교단(St. Basilian Order)에 속했다.

가운데 알을 감춘 장소에 관한 부분에도 의문은 남아 있다. 알을 대지팡이의 빈 공간과 같은 좁은 곳에 넣으면 온도가 높아져서 여행이 끝나기 훨씬 전에 부화해버렸으리라는 것이다. 물론 수도승은 때때로 알을 꺼내서 식혔을지도 모른다. 그러나 이야기에는 그러한 주의를 했다고 말하고 있지 않다. 뽕나무의 재배는 유스티니아누스에 의하여 시작되어 누에는 곧 이 새로운 거주지에 정착했다. 비잔티움(Byzantium, Constantinople)의 그리스인들은 중국의 명주에 뒤지지 않는, 아니 더 아름답기까지 한 명주를 생산했다. 비단은 인기가 대단하여 특히 광택이 있는 색채가 풍부한 의복을 입고 싶어 하는 젊은이들이 탐을 냈다. 유스티니아누스는 여기에 황제의 수입의 원천이 있다고 간파하고 자기 이외의 사람은 명주의 제조에 관여하는 것을 일절 금지했다. 그래서 자기가 만든 명주를 지금까지의 중국산 명주보다도 비싼 값으로 끌어 올렸다.

그리스 사람들은 자기들의 방법을 비밀로 하고 12세기까지 그리스도교세계의 대부분에 명주를 공급했다. 1146년에 서그리스는 정복당했다. 승리자는 시칠리아(Sicilia, Sicily)에 다수의 포로들을 데리고 돌아가 거기서 견직물업을 시작했다. 얼마 후 비단을 만드는 방법은 이탈리아에 전해지고 거기서 유럽 각지에 퍼졌다.

12. 국왕을 위해 면양을 훔치다

에스파냐는 옛날부터 메리노(Merino)라고 불리는 유명한 면양의 품종을 산출했다. 이 면양의 털은 가늘고 질이 좋아서 눈이 밴 상품의 천을 짤 수 있었다. 영국은 12세기쯤부터 에스파냐의 양모를 수입하기 시작하여 그 후 몇 년에 걸쳐 수입해 왔다. 왜냐하면 영국에서도 활발하게 면양 사육을 시작해 보았으나 그 털은 굵고 거칠어서 하급의 직물밖에는 짤 수 없었기 때문이다. 시대와 더불어 유행은 점차 변화하여 눈이 고운 직물의 수요가 증대되었다. 그래서 영국의 직물업자는 가는 양모를 더욱 많이 구하려고 머리를 써야했다.

가는 양모를 입수하는 가능한 방법 중 하나는 영국의 국내산 면양을 메리노와 교미시키는 것이었다. 목양(牧羊)이 번창한 링컨셔(Lincolnshrire)에 커다란 영지를 갖고 있는 조세프 뱅크스 경은 이 방법에 퍽 마음이 쏠렸다. 뱅크스는 다방면에 재주를 가진 사람이었다. 젊었을 때는 탐험가였고 식물학도 연구하였고 또 훨씬 전부터 면양과 양모에, 특히 그의 주(州)를 그처럼 유명하게 만든 장모종(長毛種)의 면양[링컨(Lincoln)종이라 불린다]에 큰 관심을 기울여 왔다. 이 시대에 그는 왕립협회의 회장으로 국왕 조지 3세(GeorgeⅢ, 1738~1820, 재위 1760~1820)의 총애를 받는 신하였다. 조지 3세도 농업에는 대단히 열의가 있는 사람이었다.

에스파냐, 메리노종의 면양을 소중히 지키다

메리노종의 면양은 그 무렵 에스파냐에서 매우 귀중한 것이

108

었다. 왕족, 귀족〔그란데(grandees)라 불렸다〕, 부유한 승려 등 그 나라의 가장 중요한 사람이나 부자들이 소유하고 있었다. 소유자들은 단결하여 메스타(Mesta)라 불리는 조합을 조직했으며 이 조합에는 많은 특권이 부여되어 있었다.*

면양은 겨울에서 봄에 걸쳐 평지의 목장의 풀을 먹고 거기서 암놈은 보통 12월에 새끼를 낳는다. 그러나 4월이 되면 면양은 산악지방으로 가서 고지의 풍족한 초원에서 여름을 지낸다. 평지에서 산악지방으로 가서 다시 돌아오는 여행은 길었다. 많은 면양들은 편도 600㎞를 걸어야 했다. 면양들은 하루에 약 20㎞의 속도로 걸었다.

실은 면양이 지나는 길은 풀이 나 있는 길로서 폭이 약 77㎞(84야드)로 법률로 정해져 있었다. 길은 지방에서 지방으로 구불구불 굽이쳤고 그 길이 지나가는 토지의 지주들은 모두 한 해 두 번씩 면양의 이동에 대비하여 도로를 깨끗하게 해놓지 않으면 안 되었다. 적당한 거리를 두고 넓은 휴식처가 정해지고 면양은 거기서 풀을 먹을 수 있었다. 모든 면양은 여행 도중에 털을 깎였다. 강권을 가진 메스타는 경찰에 명하여 면양을 '여행 중의 모든 위험, 방해, 저지로부터' 지키게 했다. 그 누구도, 보행자조차도 면양의 이동 중에는 양떼를 따라다니는 사람 이외는 이 길을 걷는 것이 허용되지 않았다. 또 메스타가 오래전부터 갖고 있는 특권에 따라서 면양들은 도중에 있는 어떤 목장—마을사람들의 소유이거나 또는 공유지거나—에서도 자유롭게 풀을 먹을 수 있었다.

---

* 래스터리, 《메리노종 면양 도입의 이야기》; C. P. Lasteyrie, An Account of the Introduction of the Merino Sheep, 1810

긴 여행은 면양들에게 큰 고통이었다. 더구나 봄은 새끼양이 나서 4개월 밖에 되지 않은 때에 시작되기 때문에 고통은 더욱 심했다. 그러므로 메리노종 양은 좀처럼 살이 찌지 않았으며 고기는 딱딱하고 질겼다. 그러나 면양은 다만 양모를 얻기 위해 기르고 고기는 아주 가난한 사람이나 또는 양치는 사람밖에 먹지 않았으므로 그다지 문제가 되지 않았다.

또 이동중에 몸이 약한 양들이 많이 죽게 되는 것은 문제도 아니었다. 어차피 양떼가 너무 커져서 메스타에서 통제해 내지 못하는 것을 방지하기 위하여 해마다 많은 면양을 죽여야 했기 때문이다. 양떼의 여행은 보다 약한 놈을 도태시켜 양떼 자체를 솎는 하나의 방법이기도 했다.

양떼의 한 무리는 약 1만 마리쯤 되고 메스타가 임명한 한 사람의 직원이 지배했다. 양떼는 10개의 작은 떼로 나누어지고 각각 다섯 사람의 양치기와 개들을 거느린 한사람의 아래 직원에게 위임되었다. 작은 양떼 하나하나에 약 여섯 마리의 훈련된 숫양, 또는 거세된 양이 있었다. 이것은 〈만소스(Mansos)〉라 하여 다른 양들을 지도하도록 훈련되어 있었다. 그들은 방울을 달고 있었으며 양치기의 목소리에 따라서 행동했다.

메리노, 면양의 개량에 사용되다

에스파냐 왕실은 수백 년 동안 이 품종이 나라 밖으로 빠져 나가지 않도록 엄중히 경계했다. 한마리라도 나라 밖으로 가지고 나가면 사형에 처해졌다. 왕 자신만이 이것을 수출하는 특권을 쥐고 있었다. 18세기 중엽에 에스파냐 왕은 몇 차례 이 특권을 발동했다.

1765년 그는 사촌형제인 하노버(Hanover)의 선제후(選帝候, Elector)에게 300마리의 면양을 선물했다. 왕은 이 사촌형제가 각별히 마음에 들었던 것 같다. 왜냐하면 그에게 최상품의 양만 보내도록 명령하고 만약 그 명령이 잘 실행되지 않으면 담당자를 15년의 금고형에 처한다고 선포하였기 때문이다. 조금 후에 같은 질 좋은 양이 또 한 번 선사되었다. 이때부터 우수한 양의 한 품종이 작센(Sachsen, Saxony)에 퍼졌다.

거의 같은 무렵에 소수의 메리노가 프랑스에 수입되어 토착 면양과 교미되었다. 그것이 크게 성공하였으므로 프랑스뿐만 아니라 영국에서도 메리노종 면양에 대한 관심이 대단히 높아졌다. 그리하여 소수의 영국 농가에서 그것을 몇 마리 사서 자신들이 키우던 면양과 교미시켰다.*

뱅크스, 메리노를 훔치다

영국 국왕 조지 3세는 흔히 〈농부 조지〉라고 불릴 정도로 런던 근처 큐(Kew)에 큰 농장을 갖고 있었으며 스스로 종종 거기에 갔다. 어느 날 그는 시종무관 로버트 펄크 그리빌 대령(Robert Fulke Greville)과 같이 말을 타고 나갔을 때 문득 멈추어 옆에 있는 한 떼의 면양을 관찰했다. 그리빌은 다른 품종의 면양에 대한 애기를 꺼내다가 에스파냐에서 온 메리노 종의 면양이 작센의 면양을 크게 개량한 사실을 이야기했다. 왕은 강한 인상을 받고 그 에스파냐의 면양을 영국으로 들여올 수 없느냐고 물었다. 그리빌은 안될 것은 없다고 대답했으므로 왕은 그에게 그 방법을 생각해보라고 했다. 그리빌은 그 무렵 목양

---

* 유아트, 《면양》; W. Youatt, Sheep, 1894

영국의 첩자는 에스파냐의 양치기로부터 몰래 훔친 양을 받았다

업(牧羊業)에 열성이어서 유명한 조세프 뱅크스에게 의논했다. 뱅크스는 매우 어려운 일이라는 것을 잘 알고 있었으나 기꺼이 그 일을 맡았다.

에스파냐 왕은 조지 3세와는 아무런 인척관계도 없었기 때문에 작센의 사촌형제에게 한 것처럼 영국 왕에게도 면양을 선물할 것이라고는 기대할 수 없었다. 실제로 뱅크스의 말을 빌리면 '에스파냐 왕의 특허장이 없으면 면양을 에스파냐의 항구에서 실어낼 수 있고 없고 과연 특허장을 구할 수 있느냐 없느냐는 의문이었다.'* 그러므로 어느 면양에 관한 역사가의 말을 빌리면 '메리노를 몇 마리 모아서 국외로 반출하기 위한 책략이 강구되었다.' 그것은 일종의 〈밀수거래〉였다.

---

* 뱅크스, 《메리노종 면양에 관련된 사정》; J. Banks, Some Circumstances Relative to the Merino Sheep, 1809

112

물론 뱅크스는 '동물이 국경을 뛰어 넘는' 일을 포함하여 국경을 사이에 둔 밀수가 많은 나라에서 행해지고 있음을 알았다. 특히 에스파냐와 포르투갈의 국경이나 피레네 산맥(Pyrenees)이 가로지른 에스파냐와 프랑스 국경에서 성행했다. 면양을 반출하는 데는 에스파냐와 포르투갈의 국경이 가장 적합했는데, 첫째로 포르투갈과 근접한 에스파냐의 에스트레마두라(Extremadura) 지방은 목양이 성행하는 지방이었다. 둘째로 그곳은 에스파냐에서도 가장 인구밀도가 희박한 지역 중 하나였다. 그뿐만 아니고 한번 국경을 넘기만 하면 다음엔 공개적으로 면양을 몰고 포르투갈의 항구까지 걸어서 영국으로 가는 배에 실을 수 있었다. 가장 좋은 시기는 9월 말에서 4월 초까지의 기간이었다. 그 시기는 면양들이 동쪽이나 북쪽의 산악지방으로 이동하기—즉, 국경에서 먼 지방으로 옮기기— 전이어서 포르투갈의 국경 근처에서 사육되고 있었다. 뱅크스는 비밀리에 사람을 보내어 어느 포르투갈의 관리에게 에스파냐의 면양을 포르투갈을 경유하여 영국으로 운송하는 가능성에 대하여 상의했다. 뱅크스의 친구 중 한 사람이 포르투갈에 갔을 때 「그 관리를 만났더니 그는 벌써 눈치 채고 에스파냐 양치기들과 국경의 산을 넘어 면양을 빼내어 오는 이야기를 진행하고 있다」는 것을 뱅크스에게 알렸다.*

책략의 상세한 내용은 잘 모른다. 뱅크스가 기록에 남긴 것은 이것뿐이다.

「포르투갈의 국경에 인접한 에스트레마두라 지방에서 먼저 사들

---

* 도슨 편, 《뱅크스 서한집》; W. R. Dawson, The Banks Letters, 1958

조지 3세는 밀수로 구한 메리노를 시찰했다

인 면양을 리스본(Lisbon)에서 영국으로 가는 배에 선적하는 것이 상책이라고 생각되었다.」

앞에서 기술한 것과 같이 메스타는 양떼의 수가 더 커져서는 안 되는 것으로 규정하고 있었기에 해마다 많은 늙은 양을 죽여 젊은 양과 대치시켰다. 그러므로 질이 좋지 않은 양치기가 죽여야 할 면양을 죽이지 않고 몰래 팔아버리는 것은 용이했다. 첩자가 여기저기의 여러 양떼에서 조금씩 면양을 사서 밀수인들의 상투적인 수법으로 안전하게 국경을 넘겼을 것이라고 생각된다. 경위는 어떻든 뱅크스는 이렇게 보고할 수 있었다.

『이 귀중한 동물의 수입 제1호는 1788년 3월에 도착하여(계속해서 조금씩 도착하여) 얼마 후 조그마한 양떼가 이뤄졌다.」

이렇게 비밀로 급히 사들였기 때문에 좋은 면양을 신중하게 고르기는 불가능했다. 그러므로 국왕이 양떼를 보고 그 질이 나쁜 것에 실망한 것도 놀라운 일은 아니다. 그 양들은 그가 계획하고 있던 이종교배 실험에는 도저히 쓸 수 없는 것이 명백했다.

조지 3세는 좋은 품종의 메리노를 구하려고 결심하고 에스파냐의 공식 기구를 통하여 교섭을 진행시켰다. 에스파냐 왕은 승낙하였으나 만약에 조지 3세의 의뢰라는 것이 알려지지 않았으면 수출의 특허장이 나오지 않았을지도 모른다.

이 면양은 〈네그레테(Negrete)〉라 불리는 유명한 품종이었다. 이 품종은

『메리노종의 면양 중에서도 가장 몸집이 큰 면양을 만들어 내는 것이 특징이다. 이 보물—나중에 확실히 이것이 보물임을 알게 되었다—을 받은 왕은 타고난 선견지명을 발휘하여 먼저 포르투갈을 통해 들어온 면양을 전부 처분하도록 명하여 즉시 시행되었다. 그리고 네그레테종을 될 수 있는 대로 증식시켜 그 혈통의 순수성이 보존되도록 했다.』

13. 정부를 위해 고무의 씨앗을 훔치다

고무의 발견

콜럼버스가 서인도제도에 두 번째 항해를 할 때까지 고무를 알지 못했다. 서인도제도 중의 한 섬 아이티(Haiti)에서 콜럼버스의 부하가 원주민들이 나무의 진으로 만든 공을 가지고 게임을 하고 있는 것을 봤다. 이 공은 실을 감아서 만든 카스틸레(Castile)의 공보다 컸으나 더 가볍고 더 높게 튀었다.

공의 원료가 되는 나무진은 아이티 섬의 뜨겁고 습기 찬 기후에서 자라는 어떤 나무의 둥치에 상처를 내어 진한 우유 같은 액체가 흘러 떨어지는 것을 모아서 만든 것이다. 이 액체는 후에 〈라텍스(Lartex)〉라 불리게 되었다. 원주민들은 라텍스를 원시적인 외과수술이나 내복약 또는 주술의식이나 마술에도 사용했다. 즉시 생고무는 유럽에 수입되었으나 18세기 말이 되어서도 거의 상품가치가 없었다. 그 중 극히 희소한 용도의 하나를 조세프 프리스틀리(Joseph Priestly, 1773~1804, 영국의 신학자이며 화학자)*가 진술하고 있다. 그는 이 물질은 「종이에 연필로 쓴 검은 자국을 지워버리는 목적에 매우 적합하다」고 하고 한 변이 3㎝의 정육면체가 「값은 3실링(Shilling)인데 몇 해 동안 쓸 수 있을 것이다」 라고 기술했다. 이러한 용도에 사용되었기 때문에 얼마 후 이 물질은 인도에서 온 러버(Rubber), 즉 인도고무(Indian Rubber)로 불리게 되었다.

* 《과학사의 뒷얘기 1》(화학), 14장 참조

머킨토시, 고무를 붙인 방수포를 발명

1823년에 스코틀랜드의 화학공업가 찰스 머킨토시(Charles MacIntosh, 1766~1843)는 염료제조용으로 대량의 암모니아가 필요해져 가스공장에 살 수 있는지 여부를 문의했다. 그즈음 석탄을 분리했을 때 가스와 코크스 외에 다음 세 가지의 물질이 얻어졌다. 암모니아의 수용액, 타르, 물과 타르 표면에 뜨는 콜 오일(Coal Oil, 석탄유)이다.

글래스고(Glasgow) 가스공자 지배인은 타르와 석탄유를 함께 인수한다면 암모니아를 머킨토시에게 팔겠다고 했다. 이러한 부산물은 대량으로 나오지만 그즈음에는 소량의 타르를 조선소에서 목재에 방부제로 칠하는 외에는 사실상 아무런 쓸모가 없었다. 가스제조업자는 귀찮은 타르와 석탄유를 처리하기 위해 차로 몇 마일씩 떨어진 시골로 운반하여 황무지에 버리지 않으면 안 되었다. 머킨토시는 몹시 암모니아가 필요했기 때문에 폐물 전부—필요한 암모니아, 극히 조금밖에 쓸모가 없는 타르, 전혀 쓸모가 없는 석탄유—를 살 것을 승낙했다.

그보다 몇 해 전에 화학자들이 라텍스를 실험하여 그것이 몇 가지 액체로 용해되는 것을 발견했다. 사들인 석탄유를 버리기 아까워했기 때문에 머킨토시는 라텍스가 여기에 용해될 것인지 여부를 생각했는데 그 결과 용해되었다. 그 용액을 접시에 담아 두었더니 곧 증발해버리고 접시 바닥에 엷은 고무막이 남았다. 머킨토시는 고무막이 물을 통하지 않는 것을 알고 있었으므로 이 고무의 성질을 잘 이용하여 실용적인 제품을 만들려고 결심했다.

그는 천의 한쪽 면에, 라텍스를 석탄유를 엷게 용해시킨 것을 발라서 방치하여 석탄유를 증발시켰다. 표면에 엷은 고무의 막이 남았다. 이것으로 천은 물이 통하지 않게 되었다. 즉 방수성(防水性)을 얻었다. 머킨토시는 여기에 힘을 얻어 더욱 실험을 진행시켜 이윽고 방수천의 대량생산에 착수했다. 먼저 고무를 석탄유에 녹인 용액을 두 장의 천 각각 한쪽 면에 솔로 바른다. 기름의 대부분이 증발하면 끈적끈적하게 된다. 바로 그때 끈적끈적한 양면을 합하여 꾹 눌러 붙인다. 기름이 완전히 증발하면 나중에는 세 층의 샌드위치—바깥쪽의 천 두개가 중간의 고무 층에 의하여 꼭 붙어 있다—가 된다. 이리하여 최초의 〈머킨토시〉(고무를 붙인 방수천 또는 이것으로 만든 외투를 말한다)가 태어났다.*

굿이어, 고무의 가황법을 발견

이 최초의 〈머킨토시〉는 정말 물이 통하지 않았다. 그러나 여름에는 중간의 고무 층이 녹아서 바깥으로 스며나왔다. 또 겨울에 딱딱하게 굳어져 이것으로 만든 코트는 걸고리에 걸 필요가 없을 정도였다. 바닥에 놓으면 그냥 뻣뻣하게 섰다.

헤이워드(Haward)라는 영국 사람은 고무가 끈적끈적 붙는 것을 방지하려고 가루 황을 고무 층 위에 놓아 보았다. 그는 먼저 황을 테레빈유에 녹여 그 용액을 고무막 위에 발랐다. 테레빈유가 증발하자 고운 황가루가 층으로 되어 남아 고무의 표면을 덮었다.

1838년 미국인 찰스 굿이어(Charles Goodyear, 1800~1860)

---

* 포리트, 《고무공업의 초기역사》; B. D. Poritt, The Early History of the Rubber Industry, 1933

고무는 우연히 가황(加黃)되었다

가 같은 혼합물을 써서 똑같은 실험을 했다. 어떤 이야기에 의
하면 그는 고무와 황을 테레빈유에 섞어서 녹이고 있었다. 그
기름이 든, 손잡이가 붙은 냄비를 든 채 친구와 활발히 토론을
하고 있었다. 토론에 열중한 나머지 자신의 주장을 강조하느라
고 그는 손을 내저었다. 그래서 손잡이 냄비를 놓쳐 버렸는데
고무와 황 덩어리가 쏟아져 빨갛게 달은 난로 위에 떨어졌다.
보통 고무 같으면 열로 물렁물렁 해지고 끈적끈적하게 되어 나
중에는 녹아버렸을 것이다. 그런데 이 고무덩어리는 물렁물렁
해지지도, 녹아내리지도 않고 그대로 천천히 눌어붙어버렸다.

굿이어는 매우 놀랐으나 그때는 이 사건에 대하여 그다지 흥미를 느끼지 않았다. 얼마 후에야 '만약에 눌어붙는 과정을 적당한 시점에서 중지시킬 수 있다면 고무 본래의 점착성을 없앨 수 있을는지 모르겠다는 생각이 그의 머리에 떠올랐다.'

그는 많은 실험을 되풀이하여 드디어 가열해도 녹아내리거나 끈적끈적 달라붙지 않고 냉각해도 딱딱해지지 않고 언제나 탄력성을 가진 고무를 만들 수 있게 되었다. 훨씬 뒤에 굿이어는 이 사건을 논평하여 다음과 같이 말하고 있다.

『나는 벌써부터 탄력성 있는 고무를 만든다는 이 목표를 달성하려고 노력하고 있었기 때문에 이 사실에 조금이라도 관계있는 것은 무엇이든 하나도 나의 주의에서 벗어날 수는 없었다. 그것은 '뉴턴에게 있어서' 사과의 낙하와 마찬가지로, 자신의 연구목표에 소용될지 모르는 어떠한 사건에서부터도 추론을 꺼낼 준비가 되어 있는 정신을 가진 사람에게, 한 가지 중요한 사실을 암시하는 것이었다. 그러나 발명자는 이러한 발견이 과학적인 화학연구의 결과가 아닌 것을 인정은 하면서도, 그것을 보통 우연이라고 부르는 결과라고 인정하기는 싫기 때문에, 가장 주도한 추리를 적용하여 얻은 결과라고 주장하는 것이다.』*

위컴, 파라고무의 씨앗을 빼내다

산업계는 곧 가황된 고무의 많은 용도를 찾아냈다. 1830년에는 생고무 원료는 단지 25톤 밖에 영국에 수입되지 않았는데 1870년에는 수입량이 8,000톤으로 증가하고 있었다.

---

* 굿이어, 《탄성고무》; C. Goodyear, Gum-Elastic and Its Varieties, 1855

그 무렵 큐식물원(Kew Gardens)의 과학자들은* 극동에 있는 영국 식민지에서의 고무나무 재배 가능성에 주의를 돌리고 있었다.**

생고무는 어떤 종류의 나무의 즙액, 즉 라텍스에서 만들어지기 때문에 과학자들의 최초의 과제는 고무 라텍스를 내는 여러 가지 종류의 나무에 대한 정보를 입수하여 특히 극동의 여러 나라에 이식하였을 때 가장 많은 수확을 얻을 만한 종류를 골라내는 것이었다. 그들은 브라질에 많이 나는 파라고무(Pararubber)의 나무(Heavea Tree)가 가장 적합하다고 판단했다. 브라질에서는 아마존(Amazonas, Amazon)강과 그 지류로 관개(灌漑)하는 광대한 땅에 거대한 파라고무의 삼림이 몇 천 제곱미터의 넓이를 덮고 있었다. 이 지역의 원주민들은 나무뿌리 근처의 수피(樹皮)에 깊은 홈을 몇 개 만들고 맨 밑의 홈 아래에 조그마한 토기(土器)를 매달아 줄기에서 흘러내리는 걸쭉한 즙을 받는다. 이렇게 모은 라텍스를 불에 쪼여 연기에 그을리면서 말리면 고체의 생고무가 된다.

큐식물원에서는 브라질에서 소량의 파라고무의 종자를 얻어내서 길렀다. 이 씨앗에서 난 묘목이 1873년 캘커타(Calcutta)에 운반되었으나 살아남은 것은 거의 없었다.

브라질에 오랫동안 고용되어 있던 영림관(營林官) 헨리 위컴(Sir. Herry Wickham, 1846~1928)은 인도성(印度省)에서 한번 더해달라는 부탁을 받았다. 위컴은 브라질에서 공공연히 씨앗을 갖고 나오려 하면 반드시 브라질 당국이 저지할 것이라고

---

* 《과학사의 뒷얘기 3》(생물학, 의학), 14장 참조
** 헉슬리, 《조세프 후커 경의 생애와 편지》; L. Huxley, Life and Letters of Sir. Jaseph D. Hooker, 1918

걱정했다. 그래서 그는 씨앗을 몰래 빼내려고 결심했다. 뒤에 그는 이렇게 기술하고 있다.*

『만약에 당국이 나의 방문 목적을 눈치 챘더라면 나는 틀림없이 구류될 것을 너무나 잘 알고 있었다. 나는 클레멘츠 마컴(Sir. Clements Robert Markham, 1830~1916)이 키나(kina) 나무를 영국으로 가져오려고 그것을 페루의 몬타나(Montana)에서 갖고 나올 때 굉장히 곤란에 부딪혔다는 이야기를 듣고 있었다.』**

위컴은 타파조즈(Tapajoz)강 근처의 대지(臺地)에 난 큰 파라고무나무에서 종자를 따기로 했다. 이 강은 아마존 강의 지류로서 산타렘(Santarem)이라는 조그마한 마을에서 본류(本流)와 합류한다. 아마존 강은 매우 넓고 깊기 때문에 산타렘은 하구에서 수백 킬로미터 거슬러 올라간 곳에 있었으나 그래도 대양을 항해하는 배가 닿을 수 있었다.

그가 산타렘에 도착한 얼마 후 범선《아마조나스(Amazonas)》호가 정기항해로 이 내륙의 항구에 들어왔다. 배에는 두 사람의 무역상이 타고 있었으며 영국에서 싣고 온 상품을 팔고 거기서 얻은 돈으로 이 지방에서 산출되는 물품을 사가지고 돌아가는 것이 그들의 역할이었다. 그러나 그 두 사람은 정직하지 못했으며 미리 협상한대로 온 싣고 온 상품을 다 팔았으나 그 돈을 갖고 도망쳐버렸다. 머리(Murray) 선장은 빈털터리 배와 더불어 남게 되고 영국으로 가지고 돌아갈 화물을 구할 가망이 없었다. 위컴은 머리 선장의 딱한 사정을 듣고 그것을 이용하

* 위컴, 《파라고무의 플랜테이션재배와 병치료》; H. A. Wickham, The Plantation Cultivation and Curing of Para Indian Rubber, 1908
** 《과학사의 뒷얘기 3》(생물학, 의학), 14장 참조

려고 결심했다. 그때 파라고무의 종자는 성숙하여 수확의 시기가 되어 있었기 때문에 그는 선장에게 선적한 화물을 런던에서 인도하면 즉시 인도성이 비용을 지불할 것임을 설득해 인도성의 명의로 그 배를 전세를 냈다. 머리 선장은 돌아가는 화물이 생겼으므로 한숨을 돌려 종자를 선적할 것을 승낙했다.

위컴은 재빨리 인디언의 카누를 타고 타파조즈 강을 거슬러 올라가 고무나무의 밀림에 도착했다. 여기서 그는 다수의 원주민을 고용하여 종자를 모으게 했다. 매일 무거운 짐을 진 사나이들이 토인의 마을에 자리 잡은 그의 본거지로 돌아왔다. 주민 중 여자들은 등나무로 바구니를 짜거나 씨앗을 햇볕에 말리기도 하며 그 뒤에 야생의 바나나 말린 잎 사이에 싸서 바구니에 넣기도 했다.

충분히 수량의 씨앗이 수집되어 짐이 꾸려지자 위컴은《아마조나스》호의 통풍이 잘되는 앞쪽 뱃머리에 매달아 실었다. 영국으로 가는 긴 항해에 대비한 준비는 완전히 끝났다. 그러나 위컴은 화물을 싣고 강을 내려가는 배는 모두 파라(Para)시 항구에 정박하여 항구의 직원이 출국 허가를 내릴 때까지 기다려야 한다는 것을 알고 있었다. 그는 만약 파라고무의 종자를 갖고 나가려는 것이 발견되면 출국허가를 받을 수 없을 것이라고 생각했다. 그래서 그는 파라주재 영국 영사에게 설명하여 조력을 부탁했다. 두 사람은 함께 항구 직원에게 가서 설명했다.

『배에는 영국 국왕전하의 큐 왕립식물원에 심기 위하여 특별히 주문된 극히 섬세한 식물이 실려져 있다. 그것들은 매우 급히 영국으로 운반되지 않으면 안 된다. 여행이 너무 길면 약한 식물은 그만 죽어버리기 때문이다.』

위컴은 이렇게 말한 다음 이 일의 매우 위급함을 알고 또 보내는 곳이 영국 국왕인 것을 인정한 이상 즉시 배의 출항이 허가될 것으로 확신한다고 덧붙였다.

영사도 옆에서 위컴의 부탁을 거들어 두 사람이 다 비위를 맞추면서 직원을 〈각하〉라 부르고 허풍을 떨며 포르투갈 식으로 추켜올렸다. 항구의 직원은 홀딱 넘어가 그 배가 화물검사 없이 출항하는 것을 쉽게 허가해 주었다. 위컴은 급히 배로 돌아왔고 배는 외양(外洋)으로 나가서 영국으로 향했다. 한숨 돌린 그는 종자를 갑판 위에 운반하여 열린 바구니에 넣어서 배의 앞부분에서 뒷부분까지 여러 줄로 늘어놓았다. 이것은 공기를 통하게 하기 위해서였으며 배 안에 숨은 쥐가 먹지 못하게 하기 위해서였다. 1876년 6월에 7만 개의 종자가 큐식물원에 도착하였고 곧 온실 안에 뿌려졌다. 그러나 발아한 것은 3%에 불과했다.

같은 해 8월에 약 1,900개의 묘목을 38개의 워드의 상자에 넣어서 줄곧 원예학자 한 사람이 돌보는 가운데 스리랑카(Sri Lanka, Ceylon)로 보냈다. 다음 해 튼튼한 나무로 자란 묘목의 일부가 싱가포르(Singapore)와 그 밖의 동방에 있는 영국식민지로 보내졌다.

파라시의 직원이 위컴을 저지하려는 노력을 전혀 하지 않은 것은 위컴의 걱정이 근거가 없었음을 밝히고 있다. 직원이 만약 상사에게서 파라고무의 종자 반출을 금지하라는 명령을 받았다면 가령 〈국왕의 의뢰〉라고 하더라도 그들 마음대로는 되지 않았을 것이다. 또 만약 영사가 그런 명령이 나있는 것을 알고 있었다면 여기에서 말한 것과 같은 행동을 취하였을지 여

부도 의심스럽다. 그것은 어쨌든 위컴이 훔쳐낸 것을 극동의 영국식민지에 번영을 가져왔다. 왜냐하면 파라고무는 성장이 빠른 고무로서 심고 5년도 되기 전에 벌써 라텍스를 산출하며 주의 깊게 돌보면 20년간 산출을 계속하기 때문이다. 그래서 20세기 초엽에는 극동에 광대한 고무플랜테이션이 확고히 세워져 대영제국 안의 여러 나라뿐만 아니라 세계 전체가 필요로 하는 고무의 대부분을 공급했다.

위컴은 그의 활약에 대한 충분한 보상을 받았다. 그는 종자를 내주고 결정된 돈을 받고 고무플랜테이션의 검사관에 임명되었다. 훨씬 뒤인 1911년 그는 고무나무의 재배에 관한 업적에 대한 보답으로 나이트(기사) 작위를 받았다.

14. 음악을 잘하는 못 대장장이

못을 만드는 장사는 수백 년 전의 옛날부터 스태퍼드셔 (Staffordshire)의 스타브리지(Starbridge) 근처에서 성행했다. 실제로 이곳은 존(John Lackland, 1166~1216, 재위 1199~1216) 왕이 다스리던 시절에 벌써 못을 만드는 일이 중요한 산업으로 되어 있었다.

지금부터 300여 년 전까지 못은 모두 수공업으로 간단한 공정에 의하여 만들어졌다. 장인들은 십장에게 가늘고 긴 쇠막대기를 공급받는다. 이 쇠막대기는 단철(鍛鐵, 단철분이 적은 철, 연철이라고도 한다)을 늘여서 얇게 만든 넓은 판을 가로로 재단하여 만든 것이었다. 장인들은 쇠막대기를 가지고 자기 집이나 또는 대장간이라고는 도저히 말할 수 없는 낡은 판자 집이나 광에서 세공하여 못을 만들었다. 남녀노소를 가리지 않고 온 가족이 일을 도와주었다.

먼저 쇠막대기를 불에 넣어서 빨갛게 달군다. 보통 가족 중 어린아이들은 풀무를 불어서 불이 세게 타게 하고 어머니가 빨갛게 단 막대기를 모루 위에 올려놓으면 아버지는 쇠망치로 몇 번 두들겨서 한쪽 끝을 뾰족하게 한 후에 〈네일의 길이〉로 끊는다(Nail은 못을 뜻하는 동시에 길이의 단위로서 약 15㎝에 상당한다). 끊은 것을 또 한 번 가열하여 모루에 뚫은 구멍에 넣는다. 구멍은 반드시 뾰족하지 않은 쪽 끝이 모루의 표면에 조금 나올 만한 깊이로 되어 있다. 아버지가 휘어 나온 끝을 쇠망치로 몇 번 두들겨 평평하게 찌그러뜨리면 못대가리가 된다. 이렇게 한 개 한 개 못을 만드는 것이다. 물론 많은 시간이 걸린다.

그러므로 그즈음에는 쇠못 값은 비싸고 그렇게 많이 쓰이지 않았다.

폴리, 못 만드는 비밀을 훔치다

17세기 초 철판을 가로로 잘게 재단하는 기계가 발명되어서 못 값이 크게 떨어졌다. 이것이 어느 나라에서 발명되었는지는 확실하지 않다. 러시아, 스웨덴, 네덜란드 등이라고 하지만 어디서 발명되었던지 기계 설계는 비밀로 되어 있었다.

스타브리지의 철기 제조업자들은 값이 싼 기계제품의 못에는 대항할 수 없음을 절실히 느꼈다. 어떤 이야기에 의하면 업자의 한사람인 리처드 폴리(Richard Foley)라는 젊은이가 러시아에 가서 기계의 비밀을 알아내려고 결심했다고 한다. 그는 친구들에게는 런던으로 갈 생각이라고 말했다. 평소 바이올린 연주를 매우 좋아했기에 바이올린을 가지고 출발했다.

폴리는 러시아에 도착하자 바이올린을 연주하면서 생활비를 벌면서 마을에서 마을로 여행하여 드디어 못 공장이 있는 마을에 도착했다. 그곳의 못을 만드는 노동자들은 공장 밖에 지어놓은 조그만 판잣집에서 살고 있었다. 도착한 날 폴리는 하루종일 바깥에서 지내야 했으나 십장 중 한 사람이 그를 불쌍히 여겨 집안으로 들어오게 하고 찐 옥수수와 소기름으로 만든 맛있는 러시아식 식사를 대접했다. 이 친절에 대한 보답으로 프랑스 말을 잘 알고 있던 폴리는 십장의 아들에게 프랑스어를 가르치기로 했다. 그리하여 그는 십장의 가족과 함께 십장의 집에서 살게 되었다.

폴리는 매일 장시간 바이올린을 켜서 자신뿐만 아니라 노동자들도 즐겁게 했다. 곧 그는 「프랑스의 바이올린장이」로 불리게 되었다. 못을 만드는 일에는 전혀 흥미가 없는 척하였고 결코 공장 안에는 들어가려고 하지 않았다. 못의 재료가 되는 귀중한 철봉이 노새 등에 실려서 공장에서 나와 다시 소가 끄는 수레에 실려 다른 곳으로 운반되어 가는 것을 매일 보고는 있었지만.

때마침 공장에 쥐가 득실거려서 십장은 자기가 기르는 두 마리의 개를 훈련시켜 쥐를 잘 잡게 하고 있었다. 개들은 폴리를 아주 잘 따랐고 공장 안에 있으려고 하지 않았다. 십장이 직접 개들을 공장 안에 끌고 들어갔을 때조차도 특히 그중 한 마리는 틈만 있으면 도망쳐서 폴리에게 돌아가는 형편이었다.

금세 쥐는 늘어나 공장을 소란에 빠트렸다. 공장장은 화가 나서 「프랑스의 바이올린장이」를 채용하여 공장 안에서 바이올린을 켜게 하면 어떻겠느냐고 했다. 임금은 개들이 잡은 쥐의 수에 따라서 지불하겠다고 했다.

폴리는 물론 이 일을 맡았고 공장 안에서 사는 것까지 허용되었다. 그를 위하여 사무실 안에 침대가 마련되었다. 하루의 대부분을 바이올린을 켜면서 보내고 그사이에 개들은 쥐를 잡았다.

곧 프랑스의 바이올린장이는 우랄산맥(Ural) 기슭에 있는 어느 유명한 재단 공장에서 공장장부터 직원에 이르기까지 대단한 인기를 얻었다. 이윽고 폴리는 종이와 재료를 주면 파리의 노트르담 사원(Notre Dame)을 그려 보이겠다고 했다. 그래서 사람들은 그림 그릴 재료를 구하여 그에게 주었다. 그는 낮에는 기억을 더듬어서 사원의 그림을 그렸다. 밤이 되면 충실한

개들은 바이올린을 켜는 폴리를 따랐다

개 이외에 아무도 사무실에 없었으므로 기계를 세밀하게 조사
하여 설계도에 옮겼다. 중요한 도면이 모두 완성되자 그는 마
을 떠나 영국으로 돌아왔다.

　그가 스타브리지에 돌아오자 기술자들은 그가 가지고 돌아온
설계도를 따라서 기계를 만들었다. 그러나 아깝게도 아무리 손
을 써도 기계는 철판을 재단하지 못했다. 조사하여 본즉 그가
귀국하는 도중 설계도 몇 장을 잃어버린 것 같다는 것이 밝혀
졌다. 다시 폴리는 누구에게도 알리지 않고 러시아로 돌아가
바이올린을 켜면서 여행을 계속하여 같은 공장에 도착했다. 십
장이나 노동자들은 열렬히 그를 환영했다. 개들도 그를 잊지
않고 있었다. 그는 사무실 안에 전과 같은 침대를 받고 대개
혼자 있게 되었으므로 한 번 더 설계도를 확인하고 잃어버린
것을 추가했다. 영국에 돌아와 두 번째 설계도에 따라서 새로
운 기계가 만들어졌고 이번에는 훌륭하게 가동되어 철봉을 끊

어냈다. 어떤 역사가는 그 쇠막대기는 러시아 제품보다 더 훌륭했다고까지 썼다.*

또 하나의 전설

이 음악을 잘하는 산업스파이의 이야기는 몇 가지 변형된 것이 있다. 그중 하나는 첫 번째 시도가 왜 실패하였는가를 다른 이유에서 설명하고 있어 되풀이하여 소개할 가치가 있다.

그 이야기에 따르면 리처드 폴리는 못을 만드는 직공이었으나 번 돈은 모조리 맥주를 마시는 모주꾼이었다. 어느 날 늘 하던 대로 술집에 있을 때 아내가 들어와서 빚쟁이가 빚 대신 소를 끌고 갔다고 했다.

폴리는 정말 창피하게 생각하고 마음을 고치려고 결심했다. 그는 스타브리지를 떠났고 한동안 돌아오지 않았다. 3년 후 그는 네덜란드—이야기에서처럼 러시아나 스웨덴은 아니었다—에서 귀국했다. 그동안 그는 고향을 떠난 뒤 뱃삯을 벌어서 네덜란드에 건너가서 거기서 단순하고 얼빠진 사람인 체하면서 재단공장에 가서 플루트(Flute)를 불면서 구걸하고 다녔다. 그는 이렇게 2년 동안 계속하여 주변에서 잘 알려지게 되었다. 단순히 모자라는 피리장이로 여겨졌기 때문에 그는 외부사람들의 출입이 금지된 재단공장에 자유로이 출입이 허용되었다. 여기서 그는 기계가 어떻게 만들어지고 어떻게 움직이는지 보았다. 보고 싶은 것을 모두 보고나서 영국으로 돌아왔다. 그러나 정작 기계를 만들어보니 그것은 철판을 재단하지 못했다. 그는 무엇인

---

* 그리피스, 《영국의 철무역 안내》; S. Griffiths, Guide to the Iron Trade of Great Britain, 1873

가 잊고 온 것이 있다는 것을 알고 네덜란드로 되돌아가 지난 번처럼 플루트를 불면서 공장에 도착했다. 그는 곧 다시 공장 출입이 허용되어 기계를 살펴본 즉, 재단기의 날에 쉴 새 없이 물을 흘려서 식히지 않으면 안 되는 것을 잊고 있었던 것을 알 았다. 전해지는 이야기는 다음과 같이 말하고 있다.

『그가 그것을 본 순간 안색이 변했다. 서둘러 떠나지 않았더라면 그는 체포되었을지도 모른다. 왜냐하면 네덜란드 사람들은 벌써 자 기들의 비밀이 영국에 누설되었다는 것을 알고 있었으며 알고 싶어 하던 것만 보고도 무의식중에 표정이 변하여 극히 자연스럽게 자기 정체를 드러낸 그 바보가 범인이라고 눈치 챘기 때문이었다.』*

폴리의 실상과 허상

콜리지(Samuel Taylor Coleridge, 1772~1834)는 또 다르게 이야기하고 있다. 그러나 이런 이야기가 대개 그렇듯이 가령 정확한 이야기가 있었다고 하더라도 어느 것이 옳은 것인지 판 단하기는 어렵다. 그러나 리처드 폴리라는 사나이가 스웨덴을 방문하여 웁살라(Uppsala)에 상륙했다는 증거는 얼마든지 있다. 폴리라는 사나이는 분명히 존재했고 스타브리지 근처에 사는 못장이의 아들이었다. 기록에는 그가 '못 장사, 대장간 주인으 로 매우 정직한 사나이'였던 것이 나타나 있다.

또 1616년에 이웃 더들리(Dudley)의 동장(洞長)이 된 폴리라 는 사나이도 있었고 이 사람은 10년 또는 더 오랫동안 거기서 살다가 스타브리지로 이사했다. 이 사람은 1627년쯤에 스메스

---

* 플레이페어, 《영국의 가족제도》; W. Playfair, British Family Antiquities, 1890

토우 강가(Smestow)에 재단공장을 건설하여 그 덕으로 큰 부자
가 되었다. 1657년에 죽었고 아들이 뒤를 잇고 다시 손자가
뒤를 이어 사업을 계속했다.* 1711년 손자는 귀족이 되어 키
더민스터(Kidderminster)의 폴리 남작이 되었다.

그러나 그들의 재단공장은 영국 최초의 공장은 아니었다.
1631년 쓰인 책에 다음과 같이 적혀 있다

『대장간에서 긴 쇠막대기나 여러 가지 종류의 못을 쉽게 만들기 위
하여 공장에서 쇠의 연판(延板)을 재단하는 것이 리에즈(Liege, 벨기에
의 도시)에 사는 고드프리 복스(Godfrey Box)에 의하여 1590년 처음
으로 영국에 반입되었다. 그는 그 최초의 공장을 켄트(Kent)의 다트퍼
드(Dartford) 근처에 건립했다.』**

근래의 어느 역사가는 이 다트퍼드의 기계는 뒤에 불법으로
복사되었으나 「그 범인은 폴리였던 것 같다. 아마 그는 그 행
위로 미들랜드(Midland, 잉글랜드 중부지방)에 최신 재단공장을
도입하였을 것이다」 라고 추측하고 있다.

가령 폴리가 정말로 비밀공정을 외국에서 훔쳐 내온 것이라
하더라도 그 무렵에 별로 비난받지는 않았을 것이다. 그때는
특허의 국제적 보호가 없었기 때문이다. 어떤 나라에서는 외국
사람에게서 비밀을 훔쳐 자기 국민의 이익을 위하여 사용하는
것은 칭찬할 만한 소행으로 여겨지고 있었다.

---

* 스크리브너, 《철무역의 역사》; H. Scrivenor, The History of the
Iron Trade, 1836
** 《우스터셔 고고학회지》; Journal of the Worcestershire
Archaeological Society, Vol. ⅡXⅩⅠ. 1944

15. 도기와 자기

유약의 발견

스태퍼드셔의 스토크(Stoke)와 버슬름(Burslem) 근처는 옛날부터 도기제조(陶器製造)로 잘 알려져 있다. 17세기말까지 가정용 도기는 이 지방에서 나는 점토, 모래, 이회토(泥灰土) 등을 재료로 만들었다.

보통 도기의 제조방법은 다음과 같았다. 점토와 기타의 재료를 섞어서 물을 부어 크림 정도의 농도로 반죽한다. 다공질인 재료로 필요한 모양의 틀에 흘려 넣어서 한참 두면 틀의 안벽이 수분을 흡수하기 때문에 안벽에 닿은 부분의 점토만이 굳어진다. 다음에 틀을 거꾸로 하면 중앙부분의 흐늘흐늘한 점토는 밖으로 흘러나오고 틀의 안벽에 붙은 습한 점토층이 남게 된다. 이것을 다시 그대로 두어 자연적으로 건조시킨다. 마르는 사이에 점토는 조금 오그라들기 때문에 틀을 거꾸로 하면 점토의 층은 쉽게 틀에서 떨어져 완전히 빠져나온다. 이렇게 하여 원하는 모양이 만들어진다. 손잡이라든가 물 꼭지 등은 따로 만들어 붙인다.

이렇게 만들어진 물건을 솥에 넣어 강한 불로 굽는다. 완전히 구워지기 직전(토기가 아주 새빨갛게 구워지고 있는 사이)에 식염(즉 염화나트륨)을 솥 안에 퍼 넣는다. 염화나트륨은 열에 의해 증기로 변하여 점토 속의 물질과 결합하기 때문에 솥에서 꺼내어 식히면 표면이 매끄럽고 반짝반짝 빛나는 층이 생긴다. 이 층은 물이 통하지 않고 딱딱하여 식품이나 액체에 의하여 침식되지 않는다.

스튜 냄비가 끓어 넘친 것이 유약 발견의 계기가 되었다

스태퍼드셔에 전해오는 이야기에 의하면 이렇게 식염을 써서 도기에 유약(식염유)을 칠하는 것은 아주 우연히 발견되었다고 한다.* 1680년경 버슬름에 가까운 스탠리 팜(Stanley Farm)에 서 조세트 예이트(Joseph Yate)라는 가정부가 유약을 칠하지 않은 토기의 냄비에 소금을 많이 넣은 물을 붓고 끓였다. 주인이 먹은 돼지고기를 오래 보관하기 위하여 고기를 담글 진한 식염 수를 만들고 있었다. 그녀는 냄비를 불에 올려놓은 채 잠깐 자리를 떠났다. 돌아와 보니 물이 조금 끓어 넘쳐서 스튜 냄비의 가장자리에 흘러내렸다. 그녀는 냄비를 불에서 내려놓았으나 냄비가 식은 뒤 식염수가 묻었던 곳이 빛나고 있는 것을 보았

---

* 쇼, 《스태퍼드셔도기의 역사》; S. Shaw, A History of the Saffordshire Potteries, 1829

다. 그녀는 주인에게 그 〈유약〉을 보여주었고, 주인은 나중에 그 일을 파머(Palmer)라는 제도가(製陶家)에게 얘기했다. 파머는 그 이야기에서 힌트를 얻어 오늘날 쓰이는 유약을 칠한 다색(茶色)의 도기를 만들기 시작했다고 한다.

중국도기가 자극이 되다

또 하나의 로맨틱한 이야기는 식염유를 영국에 소개한 공적을 존 필립(John Philip)과 데이비드 엘러즈(David Elers) 형제에게 돌리고 있다.* 두 사람은 네덜란드의 도시, 아마 암스테르담 시장의 아들로 오렌지 공 윌리엄(William of Orange)이 1688년 제임스 2세(James Ⅱ, 1633~1701, 재위 1685~1688)를 대신하여 영국 국왕이 되었을 때** 영국에 따라왔다.

형제는 나중에 스태퍼드셔에 정착했으나 이 지방의 도기가 조잡하고 대부분 유약을 바르지 않고 예술적 가치가 거의 없음을 알았다. 그는 영국에 오기 전부터 소금을 유약으로 쓰는 방법을 배웠던 것으로 보인다.

당시 동인도회사(East India Company)는 중국에서 모양이 우아하고 아름다운 적색의 자기를 수입하고 있었다. 이 자기는 영국뿐만 아니라 유럽 여러 나라에서 급속히 유행했다. 유럽의 제도가들은 전부터 그 제조법의 비밀을 알아내려고 노력하였으나 도저히 알아내지 못했다. 그러나 중국도기의 아름다움과는 반대로 자신들의 제품의 겉모양을 개선할 필요가 있었기 그 시

---

* 체이퍼즈, 《도자신의 마크와 조합 문자》; W. Chaffers, Marks and Monograms in Pottery and Porcelain, 1946
** 〈명예혁명(Glorious Revolution)〉

대에는 도기의 제조법이 열심히 연구되고 있었다.

당시 새로운 음료인 차(홍차)가 중국에서 영국으로 넘어와 대단한 인기를 얻고 있던 덕택으로 이 연구심은 점점 더 부채질되었다. 이 차는 중국그릇에 담아 중국식 습관으로 마시는 것이 관례였다. 그래서 중국의 주전자, 찻잔, 접시, 특히 작고 단단한 빨간 주전자가 대량으로 영국에 수입되어 비싼 값으로 팔렸다. 수요가 너무 많았기 때문에 수량이 한정된 수입품으로 그것을 충족시키기는 어려웠다. 그래서 엘러즈 형제는 중국 것과 비슷한 빨간 유약을 칠한 상품의 주전자며 찻잔을 만들면 틀림없이 잘 팔릴 것으로 생각했다.

한편 거의 같은 때에 버슬름 근처에서 아름다운 붉은 점토가 발견되었다. 아마 이 발견으로 엘러즈 형제는 자기들의 공장을 이 마을 근처에 세우리라 생각한 것 같다. 더욱이 근처에는 탄전(炭田)이 있었고 체셔(Cheshire)의 암염광산(岩鹽鑛山)도 멀지 않았기 때문이다.

엘러즈 형제의 공장은 대성공을 거두었다. 식염을 가열하면 연기가 굉장히 나기 때문에 솥에 불을 때고 있을 때에는 마을과 주변 공기가 '런던의 안개가 가장 짙을 때와 같이 흐리고 어두침침했다.' 마을에 오는 나그네들이 길을 잃거나 길가는 사람이 서로 부딪치는 일도 종종 있었다.*

바보짓을 하면서 비밀을 훔치다

엘러즈 형제는 자신들의 제조법을 비밀로 하려고 많은 주의

* 메티야드, 《조시아 웨지우드의 생애》; E. Meteyard, The Life of Josiah Wedgwood, 1865

를 기울였다. 제도 공장(製陶工場)은 통행세를 받는 도로에서 멀리 떨어진 곳에 세우고 통행세 징수고에서 공장으로 통신하는 시설을 만들어 낯선 사람이 오면 언제나 신호를 보낼 수 있게 해 놓았다. 일설에 의하면 형제는 공정을 배워도 기억하지 못할 만한 무식한 사람들을 노동자로 고용하였고 또 백치로 하여금 녹로(轆轤)를 돌리게 했다고 한다. 그 밖에도 작업 중에는 노동자들의 공장 밖 외출을 금하고 귀가할 때는 신체검사를 하여 비밀을 누설할 만한 것을 갖고 가지 않는지를 확인했다.

　다른 제도업자들은 엘러즈 제조법의 상세한 내역을 알아내려고 여러 가지로 고심하였으나 성공하지 못했다. 그 중 애스트베리(Astbury)라는 사람이 마침내 좋은 방법을 생각해냈다. 전설에 따르면 그는 매우 영리한 사나이로, 일자리를 찾고 있는 백치로 가장했다고 한다. 애스트베리는 엘러즈 형제에게 고용되어 공장에서 2년간 일하였으나 그 사이에 쭉 백치 짓을 계속했다. 그는 바보처럼 온순해서 동료나 주인에게 발길질이나 뺨을 얻어맞아도 태연하였고 언제나 얼빠진 웃음을 띠고 있었다. 그러나 남몰래 여러 가지 공정을 관찰하고 기계를 조사하고 있었던 것이다. 그리고는 매일 밤 집에 돌아와서 자기가 본 기계 모형을 만들고 설계도를 그렸다.

　그는 이 일을 참을성 있게 계속 했다. 2년이 지난 후 알만한 것을 다 배웠다고 생각했기 때문에 제정신으로 돌아가도 좋을 시기라고 판단했다. 그래서 얼마만큼 일에서 떠났다가 그 뒤 다시 공장으로 돌아왔다. 엘러즈 형제는 아직 그의 배신을 눈치채지 못하고 이제는 그가 필요 없다고 생각하고 해고했다. 그러나 얼마 후 그들은 자신들이 비밀로 한 제조법이 누구에

138

의해선가 탐지되어 다른 제도업자들도 유약을 칠한 붉은 도기 제품을 만들기 시작한 것을 알았다. 형제들은 스태퍼드 사람들의 교활함에 정이 떨어져 그곳을 떠나 런던 근처에 새로운 공장을 세웠다.*

말의 눈병에서 백자기의 제법을 발견

백치를 가장한 애스트베리는 또 백자기의 제조법을 발견한 것으로 유명하다. 처음에 데븐(Devon)이나 도세트(Dorset)에서 나는 흰 점토를 그가 태어난 고향에서 나는 점토와 섞어 백자기를 만들고 있었다고 한다. 이 점토는 당시 〈파이프점토〉라 불렸는데 우선 리버풀(Liverpool)까지 배로 운반되어 거기서 머시(Mercy)강을 거슬러 올라가 배가 항해할 수 있는 곳까지 운반되었다. 그 후는 말에 싣고 버슬름까지 날아왔다.

이 점토를 다른 재료에 가하면 도기의 빛깔은 확실히 좋아졌으나 애스트베리는 더욱 좋은 제품을 만들 수 없을까 하고 늘 고심했다. 드디어 아주 우연한 기회에 그는 이상적인 물질을 발견했다.

1720년 어느 날 그는 버슬름에서 런던을 향해 여행을 하고 있었는데 도중에 그의 말이 눈병에 걸렸다. 뱀베리(Bambury)에 도착하여 그는 숙박한 여관의 마부에게 의논했다. 마부는 간단한 치료법을 많이 알고 있었으며 그 근처에 흔히 있는 조그마한 플린트(Flint, 불순한 석영으로서 부싯돌로 쓴다) 조각을 방안의 난로 안에 넣어서 빨갛게 될 때까지 달구었다. 그것을 식힌 후 부숴서 가루로 만들어 그 가루를 말의 빨갛게 짓무른 눈에 불

* 제위트, 《도기술》; L. Jewitt, The Ceramic Art, 1878

플린트 가루로 말의 눈병이 나았다

어 넣었다. 말은 금방 아픔이 사라진 것처럼 보였고 얼마 후 눈병은 나았다.

애스트베리는 주의 깊게 마부가 하는 일을 관찰하고 있다가 빨갛게 구운 플린트의 덩어리가 빛나는 흰 가루가 되는 것에 놀랐다. 또 말의 눈에서 흘러내리는 고름은 점토같이 보이고 플린트 가루는 말의 눈에서 나오는 물을 흡수하는 것을 알았다. 무심코 그는 이 물질은 흰 도기를 만들 때 점토에 섞는 재료로 쓸 수 있을지도 모르겠다고 생각했다. 그래서 그는 플린트 한 마차 분을 셸튼(Shekton)에 있는 자신의 공장에 보내도록 수배했다. 그는 공장에서 플린트를 솥에 넣고 새빨갛게 될 때까지 달군 다음 식힌 뒤에 부숴서 가루를 만들었다. 많은 실험을 되풀이한 결과 그는 드디어 양질의 백자기를 만들기 위해 플린트 가루, 점토, 파이프점토, 모래를 어떤 비율로 혼합하면 좋은지를 확실히 알아냈다.

애스트베리의 공적

앞에서 소개한 식염과 흙 냄비에 관한 이야기는 물이 끓을 정도의 온도에서는 식염이 점토 속의 물질, 즉 실리콘산 같은 물질과는 융합될 수 없다는 사실에서 의혹을 사고 있다. 그래서 이야기 전체가 만들어낸 이야기라고 주장된 일도 있다. 그러나 소금물이 유약을 칠하지 않은 그릇에서 끓어 넘치면, 가령 소금이 다른 재료와 완전히 융합되지 않더라도 냄비의 측면에 반들반들한 피막이 생기는 것은 분명하다. 이야기는 이 사건이 파머 씨에게 단지 유약을 칠하는 방법에 대한 힌트만을 준 것이라고 말하고 있다. 그는 경험이 풍부한 제도가였으므로 식염과 토기를 높은 온도로 가열할 필요가 있다고 깨달을 수도 있다.*

도기에 관한 책을 쓴 두 사람의 유명한 저술가는 흰 플린트를 사용하는 것을 발견한 공적을 애스트베리에게 돌리고 있다. 그러나 유명한 제도가 웨지우드(Josiah Wedgwood, 1730~1795)는 가루가 된 플린트로 눈병을 고쳐준 말에 타고 있던 나그네

---

* 리드, 《스태퍼드셔 도기와 제도업》; G.W.&F.A. Rhead, Staffordshire Post and Potteries, 1906

는 애스트베리가 아니고 히드(Heath) 씨라고 기술하고 있다. 그 밖의 점에서 웨지우드가 기술한 것은 지금까지 한 이야기와 매우 흡사하다.*

애스트베리와 히드의 어느 쪽이든 영국에서 처음으로 가루 플린트를 써서 백자기를 만들었다고 단언하기엔 의문이 남는다. 드와이트(John Dwight, 1644~1703)라는 이름이 알려진 풀험(Fulham)의 제도가가 그보다 50년쯤 먼저 플린트를 썼다고 하고 있기 때문이다. 그러나 가령 그렇다고 하더라도 1720년 애스트베리가 얘기해온 방법으로 플린트를 사용했던 것은 틀림없다. 어느 유명한 도기 저술가에 의하면 새로운 재료를 발견한 것은 아니라 하더라도 적어도 그것을 어떤 비율로 다른 물질과 혼합하면 좋은가를 알아낸 공적이 애스트베리 한사람에게 돌려지는 것은 「논쟁의 여지가 없는 사실이다」

---

* 솔론, 《고대 영국제도가의 예술》; L. M. Solon The Art of the Old English Potter, 1885

16. 셰필드의 칼 대장장이

초기의 강철제법

셰필드(Sheffled)는 '활촉을 쇠로 만들게 된 시대'부터 철제품으로 유명했다고 한다. 확실히 이곳은 노르만(Norman) 민족의 영국정복 시대(1066)에는 철기제조의 중심지로 알려져 있었다. 셰필드의 이름을 특히 유명하게 만든 날이 있는 쇠붙이는 14세기부터 만들어지고 있었던 것 같다.

나이프, 끌, 면도칼, 가위 등의 날이 있는 쇠붙이는 지금은 강철을 재료로 만들어진다. 강철은 〈담금질〉이 되기 때문이다. 강철을 필요한 온도까지 가열하여 찬물에 넣어 식힌다. 이것이 담글질인데 그 뒤에 갈면 얇고 예리한 칼날을 세울 수 있다. 칼날은 튼튼하고 단단하여 잘 베어진다. 보통 쇠도 엷은 칼날을 만들지 못하는 것은 아니지만 금세 칼날이 무디어져 톱니모양으로 되어 버린다.

18세기까지 셰필드에서는 될 수 있는 대로 탄소가 적은 순수한 철(단철 또는 연철이라 불린다)의 막대를 숯 화덕에서 가열하여 강철로 만들었다. 그러기 위해서는 도가니라 불리는 그릇 모양의 용기를 사용하여 밑바닥과 측면에 숯에 깔아서 화덕을 만든다. 철봉(鐵棒)을 그 위에 놓고 숯 조각을 올려서 완전히 덮어 버린다. 다음에 도가니를 가마에 넣고 쇠가 녹지 않을 정도의 온도로 2주 동안 약하게 가열한다. 그동안 탄소가 철에 깊이 스며들어 강철로 변한다. 이렇게 만들어진 강철의 막대는 전면이 불물집(Blister)으로 덮인다. 불물집은 여드름처럼 작은 것도 있고 지름이 3㎝ 정도 되는 것도 있다. 그래서 이 강철은

144

〈불물집강철(Blister Steel)〉이라 불렸다. 강철의 질은 그다지 좋지 않았는데 그 까닭은 주로 숯(즉 탄소)이 철 안에 균일하게 포함되지 않았기 때문이다. 즉 탄소가 깊이 스며들지 않았기 때문에 철봉의 내부는 표면보다 탄소가 적었다.

핸츠먼, 도가니강철의 제법을 발견

전해오는 이야기에 의하면 발명에 재능이 있고 기술이 좋은 시계 직공인 벤자민 핸츠먼(Benjamin Hantsman, 1704~1776)은 시계의 태엽을 만들려고 강철을 샀으나 질이 나빠 도저히 만족할 수 없어서 1740년 스스로 더 양질의 강철을 만들어 보려고 결심했다. 그는 당시 셰필드에 가까운 핸즈워드(Handsworth)라는 마을에 살고 있었다.[*]

핸츠먼은 불물집강철을 만들 때 철을 녹는점에 거의 가까운 정도로 가열하는 것을 알고 있었다. 그는 더 온도를 높여서 철이 녹아버릴 때까지 가열해 보려고 생각했다. 그렇게 하면 숯이 녹은 철과 완전히 같은 모양으로 혼합되어 철이 식어 굳은 뒤에도 그 상태로 있을 것이라고 생각했다.

가장 곤란한 점은 철을 녹이는데 굉장한 고온으로 가열하지 않으면 안 되는 것이었다. 그 무렵에는 이것이 어려운 문제였다. 그는 어떤 금속은 용제(融劑, Flux)라 불리는 다른 물질과 혼합하면 비교적 낮은 온도에서 녹일 수 있다는 것을 알고 있었다. 많은 실험 끝에 그는 유리가 철의 용제 역할을 하는 것을 알아냈다. 그는 철에 소량의 숯과 유리를 섞어 가열하여 전체를 액체 상태로 만들었다. 액을 틀에 부어넣고 한쪽부터 냉

* 《유용한 금속과 합금》; The Useful Metals and Their Alloys, 1857

각시켰다. 이렇게 하여 그는 탄소를 균일하게 포함하는 새로운 강철을 만들었다. 그것은 〈주강(鑄鋼)〉 또는 〈도가니강철〉이라 불렸다.

셰필드의 칼 대장장이들은 매우 보수적이어서 이 새로운 도가니강철을 사려고 하지 않았다. 더욱이 그것은 불물집강철보다 세공하기 어렵다는 것을 알고 더 한층 손을 대려 하지 않았다. 그래서 핸츠먼은 다른 데로 판로를 찾지 않으면 안 되었다. 다행히 프랑스사람들이 그것을 사들였다. 프랑스의 대장장이들은 도가니강철을 매우 정확하게 담금질이 되기 때문에 예리하고 잘 갈아지는 칼을 만들 수 있다는 것을 알았다. 프랑스 사람들은 이 개량된 칼들을 외국에 수출했다. 차츰 셰필드는 단골을 빼앗기고 얼마 후엔 셰필드의 칼대장장이 자신도 도가니강철을 쓰지 않을 수 없는 처지가 되었다.

칼대장장이 가운데는 스스로 도가니강철을 만들려고 생각하는 사람도 있었으나 핸츠먼은 자신의 방법을 비밀로 했다. 그는 고용한 노동자에게 모두 그 비밀을 누설하지 않겠다는 서약을 받고 있었다. 낯선 사람은 공장 출입이 금지되었고 공정의 비밀 부분은 야간에만 행해졌다. 이 제법에 대하여 갖가지의 추측이 나와서 많은 사람은 유리병이 쓰이고 있는 것을 알았다. 그러나 오랫동안 바깥사람들은 정확한 정보를 전혀 손에 넣을 수 없었다.

워커, 주강의 비밀을 훔치다

드디어 그 비밀은 워커(Walker)라는 주철업자의 교묘한 스파이 활동으로 폭로되었다. 워커는 셰필드에 가까운 그린사이드

거지로 분장한 산업스파이가 공장 문을 두드렸다

(Greenside)에 살고 있었다.

『어느 추운 겨울밤 함박눈이 많이 내려 근처 일대가 어둡고 음산
했다. 오직 애터클리프(Attercliffe)에 있는 그 공장에서만 주위에 빨
간빛과 반사되는 열이 얼마쯤 새어나오고 있었다. 그 불빛을 받으며
입구에 영락(零落)해버린 한 사람이 모습을 나타내어 '큰 눈으로 고
생하고 있으니 처마 밑에서라도 몸을 녹이는 것을 허락하여 주세요'
라고 애원했다. 친절한 노동자들은 그 호소를 냉정하게 거절하기 어
려워 얼핏 보아 거지처럼 보이는 사나이가 건물의 한쪽 구석진 따
뜻한 곳에서 하룻밤 지내는 것을 허락했다. 이 낯선 방문자는 금세
꾸벅꾸벅 조는 것처럼 보였으나 주변을 주의 깊게 살폈다. 노동자들
이 새로운 발견의 공정을 행하고 있는 동안 그는 노동자들의 모든
동작을 예리하게 관찰했다. 그가 본 것은 이러했다. 처음에 불물집
강철의 막대기를 6~9㎝씩 잘라서 내화성점토(耐火性粘土)로 만든
도가니 속에 넣었다. 도가니가 거의 차면 그 위에 잘게 부순 녹색
의 유리를 조금 뿌리고 꼭 맞는 뚜껑으로 닫았다. 다음에 그 도가

니를 미리 준비한 가마 속에 넣었다. 서너 시간 지나자―그사이 도가
니 뚜껑을 때때로 열어서 금속이 완전히 녹아서 혼합되어 있는지 조사했다
―노동자들은 부젓가락으로 도가니를 가마 속에서 꺼냈다. 그 안에
서 철은 흐늘흐늘하게 녹아서 빨갛게 빛나고 불꽃을 튀기고 있었으
나 이것을 미리 준비한 주철제의 틀 안에 부어 넣었다. 이것을 그
냥 두어 식혀 굳히는 한편, 도가니에는 또 철과 유리를 데워서 같
은 공정을 반복했다. 철이 완전히 식으면 나사를 풀어 틀을 분해하
고 쇠막대를 꺼냈다. 그 뒤에는 대장장이의 손을 빌려 도가니강철의
막대가 완성되었다.」*

허락을 받지 않고 이러한 조작을 훔쳐본 사나이가 어떻게 해
서 꼬리가 잡히지 않고 도망칠 수 있었는지 전설은 말하고 있
지 않다. 그러나 전설은 그로부터 몇 달이 안 되어 애터클리프
에 있는 핸츠먼 제강공장은 도가니강철을 만드는 유일한 공장
은 아니었다고 말하고 있다.

다른 이야기에 따르면 왕립학회의 회장이 핸츠먼을 설득하여
그의 비밀공정을 학회 회원들에게 가르쳐 달라고 할 계획으로
그를 런던으로 초대했다고 한다. 핸츠먼은 자기가 가지 않고
대리인을 보냈으나 이 사람은 자기도 모르는 사이에 런던의 과
학자들에게 비밀공정의 실마리를 누설해버렸다. 1950년 어떤
역사가는 「추위에 벌벌 떨고 있었던 거지 이야기」를 모두 만들
어낸 이야기로 단정했다.** 그러나 어느 이야기가 진실이든 아
니든 간에 간신히 알아낸 것은 비밀 제조법의 일부분으로 '경

---

* 스마일즈, 《기술자의 생애》; S. Smiles, Lives of Engineers,
1861-1862
** 레이스트릭, 《과학 및 산업계의 퀘이커》; A. Raistrick Quakers in
Science and Industry, 1950

148

쟁 상대에 의해 만들어진 철은 그들이 모방하려고 노력하였던 대상에 비하여 훨씬 뒤떨어져 있었다' 또한 '핸츠먼의 발견은 전 세계의 제강법을 혁명적으로 변혁하였고 지금도 최상품의 강철을 만드는 모든 근대적 방법의 기초가 되고 있다'는 것은 의심할 여지가 없다.*

스테인리스 스틸의 발견

셰필드의 칼 대장업에 관한 두 번째 이야기는 20세기에 일어났던 일을 다루고 있다. 그것은 1912년 해리 브리얼리(Harry Brearley)가 스테인리스 스틸(Stainless Steel)을 발견한 로맨틱한 경위에서부터 시작된다. 브리얼리는 당시 셰필드의 어떤 유명한 제강회사에 고용되어 있었다.

어느 날 브리얼리가 공장 뜰에 쌓인 폐물 곁을 지나갔을 때 우연히 녹슨 쇳조각이며 깎은 부스러기 속에서 반짝반짝 빛나는 조그마한 금속 조각을 보았다. 그가 그 쇳조각을 주워 조사해 본즉 얼마 전 철과 크로뮴(Chromium)의 합금을 사용하여 실험하였을 때 소용없는 것으로 생각하고 버렸던 것임을 알았다. 그것이 녹슬지 않고 있는 것을 보고 깜짝 놀라서 무엇인가 이상한 것임을 직감했다. 그래서 그 금속 조각을 분석하여 속에 포함되어 있는 철과 크로뮴의 비율을 측정했다. 그리고 이번에는 두 가지 종류의 금속을 같은 비율로 녹여서 합금을 만들었다. 이 합금은 공기 중에 두어도 녹슬지 않고 과일의 즙을 묻혀도 얼룩이 지지 않았다. 그는 생각지 않았던 결과로 매우

* 힘즈워드, 《제도업이야기》; J. B. Himsworth, The Story of Cutlery, 1953

기뻐했다.

이 이야기는 널리 퍼지고 있으나 해리 브리얼리 자신은 스테인레스 스틸의 발견에 대하여 아주 다른 이야기를 하고 있다. 1912년 5월 라이플(Rifle)과 기타 소형총기에 사용하는 강철에 관계되는 문제를 연구하고 있었다. 특히 새로운 라이플에서는 총구의 내면이 매끄럽고 반짝반짝 빛나고 있는데, 시간이 지남에 따라 뜨거운 화약 때문에 더러워지고 흠집이 생겨 이것을 어떻게 하면 방지할 수 있을까 하는 문제와 씨름하고 있었다.*

그는 시험을 위해 보통 강철에 비교적 대량의 크로뮴을 섞어 새로운 강철을 만들었다. 이 새로운 강철의 용도에 관해 보고서를 내기 전에 그 성질을 자세히 조사하려고 많은 실험을 했다. 실험의 하나로서 약간의 산을 이 금속 위에 떨어뜨렸다. 그는 보통 강철과 같이 그것이 산에 반응하여 부식할 것으로 생각하고 있었다. 그러나 놀라운 것은 반응이 굉장히 늦든가 또는 전혀 반응이 없었다. 이것은 처음 보는 사태였으므로 연구를 계속하기로 했다. 그는 다른 산을 써서 효과를 시험하고 식초나 과일에 포함되어 있는 산과 같은 약한 산성은 이 새로운 강철을 변화시키지 않는 것을 발견했다. 또 이 금속은 공기 중에 내버려두어도 녹슬지 않았다.

브리얼리는 자신의 발견을 고용주에게 보고하였으나 고용주들은 이 새로운 강철을 무기에 사용하는 것 외에는 관심을 갖지 않았다. 브리얼리는 칼을 포함한 여러 가지 종류의 물건에 그것을 이용할 수 있다는 것을 시사하였으나 공장의 간부들은 흥미를 갖지 않았다.

---

* 브리얼리, 《매듭진 끈》; H. Brearley, Knotted Strings, 1941

150

1914년 7월 이 재료를 자진하여 실험하려는 칼을 전문으로 한 공장장을 한사람 찾아냈다. 그러나 이 강철은 딱딱하여 그 공장의 절단기를 파괴해버렸다. 얼마 후 1차 세계대전이 시작되고 철기제조업자들은 모두 매우 바빠져 전쟁에는 소용될 것 같지도 않은 새 강철 따위에 관심을 둘 여유가 없었다.

강철에 대한 책을 쓴 어느 유명한 저술가는 당시의 많은 사람의 태도를 다음과 같이 요약하고 있다.

『그것(스테인리스 스틸)의 출현은 고용주, 노동자, 소비자들이 새로운 발전에 당면하였을 때 흔히 있는 반대에 부딪혔다. 그 강철은 그들이 많이 다루어 오던 것과는 달랐다. 당시 가장 양질의 식탁용 나이프는 손으로 대장질하여 만들었으나 이 강철은 대장질을 할 수가 없었다. 그것은 보통의 담금질이 안 되고 보통 강철처럼 쉽게 날이 갈아지지 않았다. 스테인리스 스틸로 만든 칼로 끊은 자국이 생기면 그곳으로 독이 들어간다는 터무니없는 이야기도 퍼졌다.』*

이런 수많은 곤란을 극복하고 브리얼리는 더욱 힘을 내어 드디어 보통 강철과 같을 정도로 날이 오래 가고 더욱이 쉽게 칼을 만들 수 있는 스테인리스 스틸을 만들어냈다. 오늘날 그것은 각양각색의 목적에 널리 사용되고 있는 외에 철에 크로뮴뿐만 아니라 다른 금속도 가함으로써 한층 더 질이 좋은 것도 만들어지고 있다.

* 《제도업 이야기》

17. 현수교 위에서는 발을 맞추지 말라

현수교의 구조

한 대열의 병사가 행진하고 있는 중에 현수교(懸垂橋)에 다다르면 지휘관은 건너가기 전에 행진을 멈추고 발걸음을 흐트려 건너가지 않으면 안 된다. 현수교는 구조로 보아 규칙적으로 보조를 맞추어 건너가면 위험하다.

현수교는 19세기 초부터 철로 만들어졌다. 현수교를 놓을 때는 먼저 다리를 놓으려고 하는 안쪽 또는 골짜기의 양쪽 언덕에 튼튼한 기둥이나 탑을 세운다. 다음에 길고 강한 쇠사슬 또는 케이블을 그 위에 설치한다. 즉 쇠사슬 또는 케이블의 한끝은 이쪽 벼랑에 남겨놓고 다른 한끝은 우선 그 기둥의 꼭대기에 걸쳐서 쭉 당겨 저쪽 벼랑까지 건너가서 기둥 꼭대기를 넘긴 다음 땅위로 내려놓는다. 쇠사슬의 양끝은 천연의 암반 또는 땅속에 박은 큰 철이나 콘크리트의 덩어리에 묶어 견고하게 고정시킨다. 또 한 줄의 쇠사슬을 마찬가지로 두개의 기둥 위를 걸쳐서 안쪽이나 골짜기 위에 친다.

이렇게 두 줄의 쇠사슬이나 케이블은 내나 골짜기 위에 우아한 곡선을 그려서 매달리고 여기에 철봉이나 쇠사슬을 써서 다리 바닥 또는 데크—사람이나 차가 통과하는 부분—를 올려놓을 구조를 매단다. 현수교의 큰 이점은 보통형의 다리보다 건조에 필요한 재료가 적게 들어도 된다는 것이다.

트램펄린과 공진현상

독자들은 아마 곡예사가 트램펄린(Trampoline) 위에서 반동

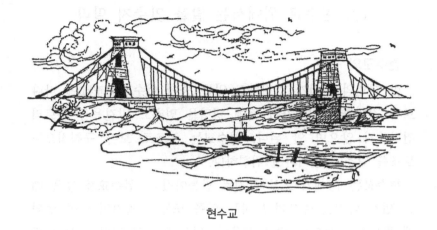

현수교

을 이용하여 높이 뛰는 것을 본 적이 있을 것이다. 트램펄린은 크고 팽팽하게 친 캔버스(Canvas, 천)로서 스프링이 잘 듣는 매트리스와 같이 큰 탄력을 갖고 있다. 곡예사가 처음 2~3회 그 위에서 가볍게 뛰면 공중 높이 올랐다 내렸다 한다. 연기가 끝나면 그는 트램펄린을 밟는 방식을 바꿔 금세 정지하여 트램펄린 위에 선다.

곡예사가 트램펄린 위에서 캔버스를 타고 튀어 오르면 캔버스는 반동으로 아래로 떠밀어지나 탄력으로 처음대로 되돌아가려고 하여 상하운동, 즉 진동을 시작한다. 만약에 곡예사가 캔버스를 한 번만 차고 바깥으로 튀어나간다면(즉 캔버스가 한번 눌러져서 움직였을 뿐 그 뒤는 〈자연적으로〉 운동하도록 내려 둔다면) 캔버스의 진동은 곧 작아져서 얼마 후에는 정지할 것이다. 그러나 그 사이에 캔버스는 언제나 일정한 비율로 진동한다. 바꿔 말하면 한번 올라갔다 내려와서 처음 위치에 돌아올 때까지 걸리는 시간은 언제나 변하지 않는다. 그것은 상하로 크게 흔들리고 있을 때는 빨리 진동하고 적게 흔들릴 때는 그만큼 느리게 움직이기 때문에 1회 왕복하는 데 걸리는 시간(주기)은 진동의 크기에 불구하고 변하지 않는 것이다. 규칙적인 진동의 비율은 그 트램펄린의 자연 진동 또는 고유진동이라 해도 좋은 것이다.

그러나 곡예사가 트램펄린 위에 탄 채 되풀이해서 캔버스를 계속 차면 캔버스는 물론 채일 때마다 상하로 운동한다. 이것을 강제진동과 캔버스 자체의 고유진동이 잘 조화되도록 한다. 이때 곡예사가 캔버스에 가하는 강제진동의 주기와 캔버스 자체의 고유진동 주기는 같게 되어 있다. 그렇게 되면 캔버스가 고유진동으로 아래로 움직일 때 그의 발이 아래로 차서 한층 더 아래로 내려 보내려 하고 캔버스는 그 반동으로 튀어 올라올 때 곡예사의 발을 세게 떠밀어 한층 더 높이 공중으로 올려 보내준다. 곡예사가 트램펄린 위에 떨어졌을 때는 캔버스가 고유진동으로 아래로 내려가고 있을 때이므로 곡예사의 낙하하는 힘은 그만큼 유효하게 작용해서 캔버스를 한층 더 세게 아래로 밀어낸다. 이런 과정이 되풀이되어 캔버스의 진동은 점점 커져서 곡예사는 놀라울 정도의 높이까지 올라간다. 이렇게 강제진동과 고유진동의 조화가 잘 맞음으로써 진동이 점차로 커지는 것을 〈공진〉이라고 한다. 트램펄린은 실로 공진을 잘 이용한 도구 중의 하나이다.

곡예사가 정지하고 싶을 때는 캔버스를 차는 비율을 급히 바꾸어 캔버스의 고유진동과 맞지 않게 한다. 그의 발은 캔버스가 올라가려고 할 때 차서 아래로 밀고, 이때 고유진동과 반대가 되게 작용하기 때문에 진동은 금방 작아지고 곧 캔버스가

154

정지해버린다.

약간 이상하게 보일지 모르나 트램펄린 위에서 그 고유 진동에 맞추어 날고뛰고 하는 곡예사는 보조를 맞추어 행진을 하며 현수교를 건너는 한 대열의 병사와 비교할 수 있다. 그 이유는 현수교는 보조를 맞춘 행진에 의해서 강제운동을 하게 되는데 만일 그것이 다리의 〈자동진동〉, 즉 고유진동과 상태가 맞게 되면 먼저 말한 것처럼 공진을 일으켜 진동이 점점 커져서 매우 위험한 정도까지 심하게 흔들릴 수 있기 때문이다. 병사들이 현수교 위를 행진했을 때 정말로 공진이 일어나서 비참한 결과를 초래한 사건에 대한 두 가지 사례가 기록되어 있다.

1831년의 맨체스터 사건

최초의 사건은 1831년 4월 11일 제60라이플 부대의 병사들이 오전 중 야외훈련을 마친 후에 막사로 행진하면서 돌아올 때에 일어났다. 돌아오는 길에 길이가 약 50㎝정도 되는 쇠사슬식 현수교가 있었다. 그것은 어윈(Irwin)강을 걸쳐서 맨체스터(Manchester)에 가까운 펜들튼(Pendleton)과 브러튼(Broughton)을 연결하는 다리였다[이 강은 호수의 간만에 따라서 흐름의 방향이 바뀌는 강으로써 머시(Maercy)만으로 흐르고 있었다]. 다리는 개인의 사유물이었는데 실로 이상한 우연의 일치였으나 68명으로 된 그 부대의 지휘관인 피츠제널드 중위(Fitz-gerald)는 그 다리 주인의 아들이었다.[*]

중위가 선두에 서고 병사들은 4열로 행진하여 다리 중간에

---

[*] 《맨체스터문학 및 철학회지》; Memoirs of the Literary and Philosophical Society, 1831

도달했을 때 '소총의 연속적 발사와 흡사한' 무서운 폭음이 일어났다. 아차! 하는 순간에 다리의 한쪽이 강으로 떨어지고 기둥도 끌려 떨어졌다. 그 다음에 일어난 광경은 독자의 상상에 맡긴다.* 다리의 부서진 쪽에 있던 병사들은 모두 강물이나 쇠사슬 사이로 내던져졌고 라이플과 장비들은 근처 일대에 흩어졌다. 마침 그때는 조수가 빠져 있어서 강물의 깊이는 몇 피트밖에 되지 않았다. 그렇지 않았다면 틀림없이 많은 병사들이 익사했을 것이다. 다행히 피해는 생각보다 적었다. 한 사람은 다리가 부러지고 또 한 사람은 팔이 부러졌다. 중상자는 6명으로 그 중 두세 명은 평생 불구가 되었다. 어느 신문은 다음과 같이 평했다.**

『병사들이 다리를 건널 때 특수한 방식으로 행진한 것이 그 사고를 일으키는 데 적지 않은 기여를 했다고 일부의 과학자들은 말하고 있으며 우리도 그 의견에 전적으로 동의하는 바이다. 우리가 들은 바에 의하면 병사들은 다리에 닿을 때까지는 한가로이 걸었으나 다리를 밟는 자신들의 발자국소리가 들리기 시작하자 그들 중 두세 사람이 휘파람으로 행진곡의 멜로디를 불기 시작했다. 그러자 갑자기 상관이 구령을 건 때처럼 보조를 맞추어 행진하기 시작했다. 그 다리는 완성되어 아직 몇 해 지나지 않았으며 매일 이륜마차(Cart)나 사륜마차(Wagon)가 건너가고 있었다. 실제로 바로 그 라이플 부대가 같은 날 아침 그 다리를 건넜으나 그때는 군대행진곡을 부르지 않고 한가로이 걸어서 지나갔고 몇 대의 마차도 그날 건넜다.』

또 다른 신문은 다음과 같이 쓰고 있다.

---

* 《맨체스터 크로니클》; Manchester Chronicle, 1831. 4. 16.
** 《맨체스터 타임즈》; The Manchester Times, 1831. 4.16

『직접적인 원인은 병사들이 보조를 일정하게 맞추었기 때문에 다리에 강력한 진동이 전달된 때문인 것은 의심할 여지가 없다. 같은 수 또는 이보다 훨씬 많은 군중이 다리를 건넜다 해도 규칙적으로 보조를 취하지 않는 한 그런 사고는 결코 일어나지 않았을 것이다. 어떤 사람의 보조가 다른 사람의 걸음에서 일어나는 진동을 상쇄하기 때문이다. 그러나 그 병사들은 모두 규칙적으로 간격을 두고 동시에 발을 맞추어 다리에 강한 진동을 가하였기 때문에 진동은 한 발자국마다 커져갔다. 그래서 진동은 그것을 떠받치고 있는 쇠사슬에 되풀이하여 심한 충격을 가함으로써 다리 바닥보다 훨씬 무거운 중량이 정지 상태에서 작용할 때보다도 더욱 강력한 효과를 쇠사슬에 미치게 했던 것이다.』*

이 사고가 발생했을 때는 영국에서 철제 현수교의 역사가 막 시작되었을 때였다. 이런 형태의 다리 중에서 최초로 만들어지고 또 가장 유명한 것 중 하나인 메나이 현수교(Menai)는 1820년경, 즉 사건이 발생한 해보다 10년쯤 전에 막 건설되었다. 대개의 사람들은 이런 형태의 다리에 아직 친밀감을 갖지 못했고 이후 사고 소식을 듣고 1,600m의 길이를 가진 이 메나이 다리가 안전한지 어떤지 의심스럽게 생각하기 시작했다. 어느 맨체스터의 신문은 이렇게 썼다.

『그 사고는 사람들을 경악시켰고 피해도 컸으나 아마도 그것은 다른 부대에서 더 무서운 재해가 일어나는 것을 방지하는 효과가 있을 것이다. 이 사고가 일어난 것으로 보아서 메나이 대교를 1,000명의 사람이 빈틈없이 종대로 규칙적으로 보조를 취해 행진하면서 건너가면 다리는 매우 길기 때문에 대열의 선두가 건너편 벼

* 《맨체스터 가디언》; The Manchester Guardian, 1831. 4. 16.

랑에 닿을 때까지는 진동이 굉장해져서 아마도 무서운 재해가 일어
날 것이다. 꽤 많은 인원의 부대가 저 다리를 건널 때는 언제나 지
휘관이 부하에게 구령을 걸어서 건너가기 전에 대열을 풀도록 하는
것이 바람직하다. 실제로 가령 어떤 작은 다리라도 쇠사슬식 현수교
라고 이름이 붙은 이상은 그것을 건너는 부대는 모두 지금 말한 것
과 같은 주의를 지켜야 할 것이다.」*

1850년 앙제사건

이 사건이 일어나고 19년이 지나 같은 사고가 또 일어났다.
사고가 나기 약 12년 전에 프랑스의 유서 깊은 앙제(Angers)에
메이엔(Mayenne)강을 건너는 현수교가 놓였다. 이 다리는 1849
년에 검사를 받고 36,000프랑의 비용을 들여서 개수되었다.
어느 신문은 이 사건을 다음과 같이 보도하고 있다.

『1850년 4월 16일 오전 11시 위슬(Ussel)의 보병 2개 부대와
기병 1개 대대가 이 다리를 건넜으나 아무런 사고도 없었다. 마지
막 기병이 다 건너가기 전에 제11보병 연대의 제3보병 대대의 대
열의 선두가 다리의 반대쪽에 나타났다. 관례에 따라 부대를 몇 개
로 나누도록 명령이 되풀이되었으나 공교롭게도 비가 억수같이 쏟
아져 명령은 무시되었다. 그래서 대대는 종대로 꽉 짜서 보조를 맞
추어 행진하면서 다리를 건너갔다. 대열의 선두가 건너편에 도착하
여 선봉과 고수와 악대의 일부가 다리를 떠나 제방에 발을 들여 놓
았을 때 무서운 폭음이 터졌다. 다리 바닥을 매단 한쪽 쇠사슬이
보조를 맞추어 걸어가는 발걸음을 견디지 못하고 끊어졌던 것이다.
다리 위에 있던 병사들은 다리 바닥이 기울어졌기 때문에 당황하여

---

* 《맨체스터 가디언》

앙제 다리의 참극. 당시 신문 삽화에서 따왔다

반대쪽으로 몰렸다. 그때 반대쪽 쇠사슬도 끊어져 버렸다. 다리 바닥 전체가 강물로 떨어져 다리 위의 병사들도 남김없이 떨어졌다. 냇물에는 물가로 헤엄쳐 나가려고 애쓰는 병사들로 가득 찼다. 이 무서운 재해로 인하여 대위 1명, 중위 1명, 소위 3명과 220명의 하사관과 병사가 목숨을 잃었다. 부대 뒤에는 상당수의 여자들과 마을사람들이 따라왔으나 그들 중에도 상당한 사망자가 난 것으로 생각된다.

이 다리는 그 부대가 평소에 지나다니던 다리로서 성으로 가는 가장 빠른 길이다. 무서운 광경과 요란스러운 절망의 부르짖음을 묘사하는 것은 불가능하다. 마을주민 전체가 구조를 하기 위해서 그곳으로 달려왔다. 폭풍우가 휘몰아치고 있었는데도 쓸 수 있는 보트는 모두 물속에 있는 병사를 끌어올리기 위하여 물가에 내려지고 다리의 난간에 달라붙거나 내방에 매달려 떠있던 많은 병사가 구조되었다. 그러나 그들의 대부분은 총검이나 위에서 떨어진 다리의 파편에 의해 부상당했다.」*

다른 신문은 이렇게 덧붙였다.

『냇물은 모두 물가로 가려고 허우적거리는 병사들로 꽉 메워졌다. 만약에 일기가 좋았다면 그들의 대부분은 구조되었을 것이다. 그러나 바람은 무서운 폭풍우가 되어 세차게 불고 파도는 매우 거칠었다. 사람들은 서로 달라붙어 한 덩어리가 된 것 같이 보였으나 파도가 밀려올 때마다 몇 사람씩 딸려 나가서 나중에는 단 한사람밖에 남지 않았다. 구조대가 올 때까지 병사들이 떠있을 수 있도록 목재며 판자, 그밖에 매달릴 수 있는 것은 손에 닿는 대로 물속으로 던져졌다.」**

이상한 소문이 퍼졌다. 사고가 일어나기 전, 이 연대는 벌로 아프리카로 보내질 참이었으므로 병사들은 온순하지 않았으며 보조를 낮추라는 명령을 받고도 일부러 명령에 따르지 않았다는 것이다. 그러나 이 소문은 공식적으로 부인되었다.

---

* 《그림런던뉴스》; The Illustrated London News, 1850. 4. 27
** 《연차기록》; The Annual Register, 1850

18. 플림솔의 마크―만재흘수선

영국을 비롯하여 세계 각국의 선박은 작은 요트나 어선과 같은 소수의 예외를 제외하고는 모두 배 옆구리에 만재흘수선(滿載吃水線)이라 불리는 몇 줄의 선을 색깔로 그려 넣고 있다. 이 선박은 그 깊이까지 물속에 배의 동체가 들어가도 침몰의 위험이 없다는 것을 나타내는 것으로 배에 어느 정도의 화물을 실어도 좋은지 그 한계를 나타내고 있다. 선이 몇 줄이 있는 것은 배가 항해할 때 바닷물의 온도와 염분의 농도에 따라서 안전한 깊이가 달라지기 때문이다.

영국에서는 이 선박을 사뮬엘 플림솔(Samuel Plimsoll, 1824 ~1898)의 이름을 따서 플림솔 마크(Plimsoll Mark)라고 한다. 플림솔은 1868년에서 1880년까지 더비(Derby) 출신의 자유당 하원의원을 지냈으며 이 선의 표시를 의무로 하는 법안을 통과시킬 때 역사적인 역할을 해서 파문을 일으켰다.*

홀, 해운업계를 비난

19세기 중엽이 되어 제임스 홀(Jame Hall)이라는 뉴캐슬(Newcastle)의 선주가 해운업계에 대하여 심한 비난을 퍼부었다. 그는 해상운송을 담당하고 있는 선박의 상태에 깊은 충격을 받았다. 그의 말에 의하면 많은 선박들이 항해에 견뎌내지 못할 뿐더러 화물을 과중하게 싣고 있거나 운행 장비가 불충분하거나 잘 가동하지 않는다고 말하고 있었다. 이러한 악조건이 원인이 되어 많은 배들이 바다에서 침몰하여 가끔 많은 인명을

---

* 《영국전기사전》; Dictionary of National Biography

잃어버렸다. 이러한 쓰레기 배는 관구선(棺柩船, Coffin Ship)이라 불렸으나 대개는 보험을 지나칠 정도로 많이 들고 있었으므로 침몰해도 괜찮한 선주들은 손해를 보지 않았다. 손해는 고사하고 그들은 배가 침몰한 덕분에 큰 돈벌이를 하는 일도 종종 있었다.

당시의 법률로는 이러한 소름끼치는 상태를 종결시킬 수 없었기 때문에 홀은 법률을 개정하기 위한 일대운동을 개시했다. 그러나 그는 그 점에서는 조금 밖에 성공하지 못했다. 그 이유는 1871년에 이 사태를 처리하는 법안이 통과되었으나 그것은 홀이 희망한 것과 같이 화물의 과중적재를 위법으로 하는 것이 아니었다.

플림솔, 선박의 개선을 주장

이 법안이 의회를 통과하려고 할 때 홀은 플림솔을 만났다. 플림솔은 아마 그것이 처음 듣는 이야기였을 것이나 홀을 통해 상선의 심각성을 적확하게 알게 되었다. 홀의 문제제기는 더비에서 얼마 전 선출된 그의 인도주의적인 성격에 공감을 주는 것이어서 그는 곧바로 홀을 대신하여 캠페인을 지도하는 주력이 되었다. 그는 홀이 제안한 개혁의 대부분을 강력히 변호했을 뿐만 아니라 마치 자기가 처음으로 꺼낸 것처럼 그것들을 자신의 제안으로 추진했다. 그는 이 운동에 철저하게 헌신했기 때문에 얼마 후 대개의 사람들은 제안된 개혁안에 홀이 아닌 플림솔의 이름을 연관시켜 생각하게 되었다.

플림솔의 공격이 최대의 힘을 발휘하게 된 것은 1873년 지금도 유명한 저서 《우리의 선원—하나의 호소(Our Seamen-An

Apppeal)》가 나타났을 때였다. 그 책에서 그는 이렇게 썼다.

『난파선으로 매년 수백 명의 생명을 잃고 있다. 더욱이 그 대부분이 쉽게 예방할 수 있는 원인에서 비롯한다. 많은 배가 노후했거나 그렇지 않더라도 장비 부족의 상태로 정기적으로 바다에 보내지고 있다. 그 때문에 선박은 좋은 날씨가 계속되지 않으면 목적지에 도착할 수 없다. 또 많은 선박은 화물을 과중하게 싣기 때문에 바다가 조금이라도 거칠어지면 목적지에 도착하는 것이 거의 불가능한 형편에 있다.』

이 책은 많은 신문으로부터 환영을 받았고 그 안에서 시사된 개혁은 여론의 강한 지지를 받았다. 그는 거기에 힘입어 책이 발간되고 2개월도 안되어 그 책에서 기술되어 있는 많은 사항에 대하여 조사하고 보고하기 위한 왕립조사위원회를 설치하자는 의안을 하원에 제출했다. 그가 얼마나 설득력 있는 호소를 했는지는 짧은 발췌문을 듣기만 해도 명백할 것이다. 플림솔은 이렇게 진술했다.

『왜 이렇게까지 내가 선원들을 위할 필요를 통감하는가, 그 이유를 당신들에게 말하고 싶다. 만약 우리의 성직자, 우리의 의사, 우리의 공인(公人)의 목숨이 정부의 한 공무원이 칭한 「가장 비난받을 만한 태만의 살인적 시스템」에 의하여 매년 천 명 가까이나 희생된다고 하면 당신들은 뭐라고 하겠는가? 영국 전체에 이 무법행위에 대한 분노의 소리가 울려 퍼질 것이다. 그러나 굳이 말한다면 노동자계급이라 불리는 사람들의 천 명은 먼저 말한 사람들의 천 명과 마찬가지로 존경과 애정을 받을 값어치가 있는 것이다.』*

---

* 《그림런던뉴스》, 1873. 6. 14

164

명예훼손으로 피소되다

불행하게도 플림솔은 열의 넘친 나머지 너무 앞서 나갔다. 확실히 그에게서 〈폐선매입자〉라든가 〈난파선선주〉라고 비난받아도 어쩔 수 없는 사람도 많았으나 반면 선량한 고용주도 많이 있었다. 누구를 비난할 것인가를 결정할 때 그는 얻은 정보를 전연 확인하지 않았거나, 확인했다 하더라도 수박겉핥기로 했다. 만약에 그가 좀 더 신중했다면 역시 선주였던 2~3명의 동료 하원의원을 비난하는 생각을 보류했을 것이다. 그러나 그는 그들을 비난해버렸다. 의원들은 이러한 선원의 참상을 발판으로 큰 재산을 모으고 의회에 들어와서는 이 문제에 관한 입법을 방해하기 위하여 할 수 있는 한의 수단을 강구하고 있다고 그는 말했다.

이것은 매우 중대한 발언이었다. 비난의 적이 된 의원 한 사람이 플림솔을 명예훼손(무거운 범죄)을 이유로 고발한 것이다. 이 의원은 법정에서 다음과 같이 진술했다.

『본인은 좌초 또는 충돌 외에는 한 척의 배도 침몰로 잃은 일은 없다. 단 하나의 예외를 제외하고는 일기가 원인이 되어 배를 잃은 일은 없다. 선원 한 사람의 목숨도 잃은 일이 없다.』*

재판은 매우 장기화되었으나 고등 민사 법원은 플림솔이 불충분한 증거를 가지고 성급하게 성명을 낸 점은 책망받아야 할 것이라고 판결을 내렸다. 그러나 이 사건은 플림솔에게 형법을 적용하기에는 적당하지 않다고 덧붙였다. 그렇지만 플림솔은 자기가 자신의 소송비용을 지불하지 않으면 안됐으며 그것은

---

* 《그림런던뉴스》, 1873. 4. 26.

퍽 많은 액수였다.*

의회에서의 폭언이 법안을 통과시키다

플림솔의 제안에 의하여 설치된 왕립위원회는 화물을 과중하게 싣는데 반대하는 캠페인에 보고서를 제출했으나, 사실상 아무런 지지도 얻지 못했다. 그러나 플림솔은 굴하지 않았다. 드디어 1875년 〈해운법(Shipping Acts)〉을 개정하는 법안이 제출되었다. 이 법안의 제1조는 모든 선박은 로이즈(Lloys), 즉 리버풀(Liverpool)의 협회에서 이미 검사를 받은 것 외에는 정박한 항구를 출항하기 전에 검사를 받아야 한다고 규정하고 있다. 제2조는 어느 선박도 그보다 깊이 물속에 내려가서는 안 된다는 최대한의 재화흘수선(載貨吃水線)을 붙여야 한다고 되어 있다.

이 법안은 용이하게 통과되지 않았다. 수상인 디즈레일리(Benjamin Disraeli, 1808~1881)가 정부는 이 법안을 철회할 의향이라고 성명했을 때 위기는 왔다. 그 직후 의회에서는 좀처럼 볼 수 없는 광경이 일어났다. 플림솔은 완전히 자제를 잃어버렸다. 그는 흥분한 나머지 앞으로 나가 의회의 휴회를 제안했다. 그는 회의가 재개되면 1874년 침몰한 한 배가 플리머드(Plymouth) 출신의원 베이츠(Bates) 씨 소유의 선박인지 여부에 관해 상무상(商務相)의 보고를 요청할 것이라고 말했다. 또한 자유당의원 몇 사람에 대해서도 같은 질문을 할 것이라고 말하며 섬뜩한 발언을 계속 했다.

『나는 이러한 선원들을 죽음으로 몰아넣은 악한들의 가면을 벗길 결심이다.』**

---

* 《그림런던뉴스》, 1873. 6. 14

플림솔은 의자 앞에 서서 흥분하여 발을 구르며 꼭 쥔 주먹을 대장성(大蔵省)의 벤치를 향해 휘둘렀다. 의회에서의 그러한 행위는 물론 묵과될 리 없었다. 더욱이 동료의원에게 악한이라고 욕을 퍼부은 것은 중대한 문제였다. 수상은 그의 징계를 요구했으나 플림솔의 친구들이 그를 감싸주는 발언을 하여 하원의 장은 그에게 다음 주의 같은 요일에 출석하도록 명했다.

1주일 후에 플림솔은 「사람이 꽉 차서 소란스러운 의회」에서 깊은 유감의 뜻을 표명했다. 하원은 그의 사과를 받아들였다. 결국 이 사건은 그의 주장에 아무런 피해도 주지 못했다. 사건은 세상의 큰 주목을 모았으며 정부는 신문논설이나 일반여론에 자극을 받아 법안의 통과를 서두르지 않을 수 없게 되었다. 이리하여 1875년 8월에 법안은 하원을 통과했고, 1876년 공포된 〈상업해운법(Merchant Shippong Act)〉으로 결실되었다 (1930년 국제만재흘수선조약이 체결되어 만재흘수선의 표시는 국제적인 의무가 되었다).

** 《그림런던뉴스》, 1873. 7. 24

19. 초기의 증기기관

우스터 후작의 증기기관

증기로 일하는 엔진, 즉 증기기관의 연구는 17세기까지는 거의 진보가 없었다. 17세기에 들어와서 그 발달에 특히 공헌한 사람은 우스터(Worcester) 후작(候爵) 2대손인 에드워드 소머셋(Edward Somerset, 1601~1667)이었다.

이 후작은 찰스 1세(Charles Ⅰ, 1600~1649, 재위 1625~1649)의 군에 가담하여 싸웠기 때문에 의회의 결의로 국외로 추방되어 「만약 그가 영국 국내에서 발견되면 가차 없이 사형에 처한다」고 선고되었다. 그렇게 의결되었음에도 불구하고 그는 왕당의 스파이로 귀국했다. 1652년 체포되어(당시 흔히 있었던 일이지만) 재판도 받지 않고 런던탑에 감금되었다.

후작은 군인이 되기 전에는 당시의 과학에 강한 흥미가 있었다. 그는 2년에 걸쳐 유폐된 사이에 여러 가지 과학의 문제를 고찰했다. 전설에 의하면 어느 날 저녁식사를 요리하고 있을 때 열탕에서 나오는 증기로 냄비 뚜껑이 쉴 새 없이 까딱까딱하며 들어 올려지는 것을 관찰했다.

『그는 생각이 깊은 성격의 소유자로 과학의 연구에 취미가 있었으므로 이 사태를 골똘히 생각하기 시작했다. 냄비의 쇠뚜껑을 들어 올리는 힘은 여러 가지 유용한 목적에 응용할 수 있지 않나 하는 생각이 떠올랐다.』

그는 자유의 몸이 되었을 때 이 아이디어를 이용해서 광갱(鑛坑)에서 물을 배출하는 데 사용하는 증기기관을 설계했다.*

168

그러나 그가 정말로 증기기관을 만들었다는 것을 증명할 결정적인 증거는 없다. 다만 그는 그런 기계의 만드는 방법을 《발명의 세기(Century of Inventions)》라는 유명한 저서에서 약술하고 있다.

세이버리의 발명

증기기관에 관한 일련의 이야기 중 두 번째는 토머스 세이버리(Thomas Savery, 1650~1715)가 등장한다. 그는 틈만 있으면 기계의 실험에 몰두했다. 그는 콘월(Cornwall)의 광산에서 물을 퍼내는 방법에 관심을 돌려 그것에 쓸 증기기관을 발명했다.

어느 저술가는 세이버리가 우스터 후작의 저서에 실려 있는 설계를 기초로 하여 증기기관을 만들었다고 비난했다. 그 저술가는 세이버리가 자신의 비열한 행위를 어떻게 감추려고 노력했는가를 다음과 같이 설명하고 있다.

『그는 우스터 후작의 저서를 모두 사들여서 불태웠다. 그 책에서 복사한 것을 숨기기 위해서였다. 그 후에 그는 우연한 기회에 증기의 힘을 발견했다고 밝히고 사람들에게 믿게 하기 위하여 다음과 같은 이야기를 생각해냈다. 어느 날 그는 선술집에서 플라스크에 가득 찬 포도주를 마신 뒤 플라스크를 불 위에 던졌다(플라스크 밑바닥에 포도주가 조금 남아 있었기 때문에 그것이 열로 인하여 증기로 변하고 증기가 플라스크에서 공기를 뺐다). 조금 지나서 세이버리가 문득 불을 보았더니 플라스크 안은 증기로 가득 차 있었다. 플라스크를 불에서 끄집어내고 주둥이를 아래쪽으로 향하게 하여 찬물이 들어 있는 물

---

* 덕스, 《우스터 2대 후작의 생애, 기타》; H. Dirks, The Life, etc., of the Second Marquis of Worcester, 1865

독 안에 집어넣었다. 금방 독 안의 물이 플라스크 속으로 빨려 들어갔다.』*

세이버리의 증기기관은 당시 〈불 엔진〉이라 불렸으나 원리상으로는 이 플라스크와 물독과 흡사했다. 주된 부분은 큰 구(球)에 긴 관을 연결한 것으로 관의 끝은 광갱(鑛坑)의 밑바닥에 고인 물에 닿게 한다. 구에 먼저 증기를 채우고 그 바깥 면에 찬 물을 부으면 증기는 응결하여 몇 방울의 물이 된다. 그러면 완전한 진공은 아니지만 내부가 진공상태가 된다.

그래서 금방 물이 관속으로 올라와서 텅 빈 공간으로 들어가게 한다. 구 안에 들어간 물을 밖으로 흐르게 한 다음에 다시 구 안에 증기를 채워서 냉각하여 응결시켜서 구 안으로 물을 빨아올리고 그 물을 밖으로 흘린다. 이 과정을 필요한 만큼 몇 번이고 반복했다.

세이버리의 발견에 플라스크의 사건이 계기가 되었든 안 되었든 우스터후작의 저서에 실린 증기기관의 제작법에 대한 설명은 너무도 불충분하여 그것으로 실제의 증기기관을 만든다는 것은 누구에게도 불가능했을 것이다. 그러나 어쨌든 세이버리의 증기기관은 곧 다트머드(Dartmouth)의 대장장이 토머스 뉴코멘(Thomas Newcomen, 1663~1729)이 설계한 훨씬 더 훌륭한 증기기관에게 지위를 빼앗겼다.

뉴코멘 증기기관
다트머드의 한 전설은 우스터 후작의 전설과 아주 비슷하다.

---

* 데사굴리어즈, 《실험철학》; J. T. Desauliers, Experimentai Philosophy, 1744

뉴코멘이 어느 날 불 옆에 앉아 있을 때 주전자에서 나오는 증기가 되풀이해 뚜껑을 들어 올리는 것을 발견했다. 그는 이 관찰에서 빠져나가는 증기가 센 힘을 가지고 있음을 확신하여 이윽고 그 유명한 증기기관을 설계하게 되었다.

뉴코멘 기관의 대략적인 구조는 다음 그림에 보였다. 긴 빔(Beam)을 축(Pivot A)으로 떠받치고 한쪽 끝에 추 B를 달아 빔이 시소와 같이 쉽게 상하로 움직이도록 만들어져 있다. 또 한쪽 끝은 쇠사슬로 피스톤 P에 연결되었다. 빔의 한쪽 끝이 위로 올라가면 피스톤은 실린더의 상단까지 끌어올려진다. 한 사람의 소년이 곁에 있으면서 쉴 새 없이 마개(Tap)를 열었다 닫았다 한다. 피스톤이 실린더 상단에 닿을 때 소년이 즉시 마개 C를 열면 실린더에 증기가 가득 찬다. 다음에 이 마개를 막고 다른 마개 D를 열면 찬물이 실린더 속으로 훅 들어간다. 증기는 냉각되어 응결되고 실린더 속은 불완전하나 진공이 된다. 이 때문에 피스톤의 바깥 면에 작용하고 있는 대기의 압력은 피스톤을 밀어내서 실린더의 밑바닥까지 밀어 넣는다(그림의 왼쪽 윗부분). 찬물은 마개 E를 통하여 실린더에서 유출된다. 이로써 전 과정이 처음부터 또 반복될 준비가 된다. 그림을 보면 분명한 것 같이 빔이 올라갔다 내려갔다 하는 사이에 쇠사슬 G로 펌프를 동작 시킨다.

뉴코멘이 처음으로 만든 기계는 지금 설명한 것과는 조금 다르다. 그것은 증기를 응결시키는데 마개 D에서 물을 뿜어 넣는 것이 아니고 마개 H에서 찬물을 유출시켜 실린더의 상단에 올라간 피스톤 위에 떨어뜨리게 했다. 어느 날의 일인데 엔진이 갑자기 매우 빠른 속도록 동작하여 지금까지 한 행정(行程)에

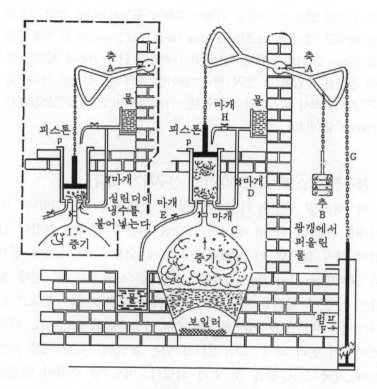

뉴코멘의 증기기관

걸린 시간 동안 몇 행정을 왕복했기 때문에 그는 매우 놀랐다. 조사해 보았더니 피스톤에 구멍이 뚫어져 있어서 찬물이 그 구멍을 통하여 실린더의 밑바닥에 흘러 떨어져 그 때문에 증기가 급속하게 응결된 것이었다. 그의 한 전기 작가에 의하면

『이것이 일어났을 때 새로운 빛이 갑자기 뉴코멘에게 비쳤다. 즉 찬물을 실린더 외부에 붓는 대신 실린더 안에 직접 넣어서 증기를 응결시킨다는 아이디어가 곧 그의 머리에 떠올랐다. 그는 이렇게 하

172

여 우연히 알게 된 수단을 기계의 부품에 구체화하려고 했다. 관 D
를 붙이고 그 끝에 로즈헤드〔Rose Head, 조로(Jorro)의 끝 등에 붙은
물 뿌리는 구멍〕를 끼워서 피스톤이 내려가기 전에 언제나 실린더 안
에 찬물을 주입할 수 있게 했다. 증기는 거의 순간적으로 응결되고
거기에 따라서 피스톤의 상행행정(上行行程)에 잇달아 하행행정(下行
行程)이 일어났다.』

개구장이 소년, 오토메이션의 선구자가 되다

이 새로운 엔진은 1711년쯤부터 오랫동안 사용되었다. 이
기계는 사람이 한 명 붙어서 적당한 시간에 마개를 열었다 닫
았다 하지 않으면 안 되었다. 이 일에 고용된 한 소년이 험프
리 포터(Humphry Potter)였다.* 그는 곧 단조로운 이 일에 싫
증이 났는지 엔진실 바닥에서 구슬치기를 하고 싶어졌다고 한
다(엔진의 바닥은 이 놀이를 하기에는 안성맞춤의 장소였다). 다른
소년들이 놀러 와서 그가 일하고 있는 동안에 구슬치기를 하였
는데 결국 그도 참을 수 없게 되었다. 어느 날 주인이 엔진실
에 들어가 보았다가 포터 소년이 구슬치기를 하고 있는 것을
보게 되었다. 그 뒤의 경위는 다음과 같았다고 한다.

『그는 먼저 포터를 심하게 벌주었다. 그 뒤에 비로소 그는 펌프
의 엔진이 옆에서 시중하는 사람이 없어도 착실하게 동작하는 것을
관찰했다. 곧 그는 그 재주 있는 소년이 적당한 길이의 막대와 밧
줄을 마개와 빔에 매어서 빔이 올라가고 내려가는 데 따라 마개가
정확한 시기에 열렸다 닫혔다 하는 것을 알았다.』

* 《실험철학》

그의 주인 헨리 베이튼(Henry Beighton)은 즉석에서 소년의 착안이 훌륭한 것을 알고 얼마 후 소년이 사용한 밧줄과 그것을 걸 쇠고리를 금속막대와 凸형으로 바꾸었다. 이렇게 증기기관은 구슬치기를 하고 싶은 일념에서 연구를 거듭한 한 소년의 재치로 자동적으로 따라오게 되어 「가마에 불을 때는 사람」, 즉 화부만 있으면 됐다. 이 이야기를 처음한 사람은 헨리 베이튼과 친한 사람으로 그로부터 정보를 제공받았다. 그러나 이를 입증할 확실한 증거는 없는 것 같다.

와트, 복수기를 발명

뉴코멘의 엔진은 널리 사용되었으나 동작이 비교적 느렸다. 또 연료를 낭비하였는데 그 까닭은 실린더를 냉각하여 증기를 응결시키는 방법을 사용했기 때문이다. 1764년 당시 글래스고 대학에서 기구 제작에 종사하고 있던 청년 제임스 와트(James Watt, 1736~1819)는 뉴코멘 기관의 한 모형을 수리하는 일을 맡았다. 그는 그 모형을 주의 깊게 연구하여 어디에 결함이 있는지 알아냈다.

그는 마음속으로 그것을 개량한 방법을 되풀이하여 생각하였으나 좋은 방법을 짜낼 수 없었다. 드디어 1765년 초 하나의 그럴듯한 아이디어가 떠올랐다. 그 경위를 와트 자신이 이렇게 말했다.

『맑게 갠 안식일 오후 나는 산책을 나섰다. 문을 지나 골프장에 들어가 낡은 세탁소 헛간 옆을 지나갔다. 나는 그때 엔진에 관해 생각하고 있었는데 가축우리 근처까지 갔을 때 그 아이디어가 떠올랐다. 골프하우스에 도달할 즈음에는 모든 것이 내 마음 속에 정돈

174

되었다.」*

다음날 아침 그는 일찍 일어나서 자신의 새로운 계획을 시험해 보았다. 그것은 간단한 개량이었고 다른 용기를 실린더에 연결하여 증기가 그 속에서 응결되도록 한 것이었다. 그래서 실린더 자체를 냉각시킬 필요가 없어졌다. 증기를 응결시키기 위한 용기인 냉각기(Condenser)를 붙인 덕분에 엔진의 효율은 높아지고 연료는 대폭 절약되었다.

와트와 주전자의 전설은 잘 알려져 있다. 그것이 처음 이야기된 것은 그 일이 일어났다고 생각되는 시기부터 반세기 가량 지난 뒤였다. 이 이야기에 따르면 제임스 소년은 어느 날 밤 고모인 뮤어헤드(Muirhead) 양과 테이블에 앉아 있었다. 그때 그녀는 말했다.

「제임스, 나는 너 같은 게으른 아이는 본 적이 없어. 책을 읽든가, 무엇이든지 유익한 일을 하면 어때? 이 한 시간 동안 너는 한번도 입을 열지 않고 그 주전자 뚜껑을 들었다가는 올려놓고 찻잔이나 은 숟가락을 뜨거운 김 위에 덮어서 물 꼭지에서 더운 김이 어떻게 불어나오는가를 보거나 뜨거운 김에서 뜨거운 물방울을 만들어 그 수를 헤아리고 있구나. 그렇게 쓸데없이 시간을 허비하는 것을 부끄럽게 생각하지 않니?」**

다른 이야기의 의하면 그는 주전자의 꼭지를 막고 증기가 빠져나가지 못하게 했더니 증기가 주전자의 뚜껑을 들어 올리는

* 스마일즈, 《기술자들의 생애—보울튼과 와트》; S. Smiles, Lives of Engineers—Boulton and Watt, 1878
** 뮤어헤드, 《제임스 와트의 생애》; J. Muirhead, The Life of James Watt, 1858

것을 알았다고 한다. 주전자의 뚜껑과 증기의 힘의 이야기가 와트, 뉴코멘, 우스터 후작 세 사람에게 다 해당되는 것은 주목할 만하다.

와트, 마력의 정의를 내리다

와트의 새로운 엔진은 그 이전의 설계에 비하면 놀랄 만큼 진보된 것이었다. 와트는 매튜 보울튼(Matthew Boulton, 1728~1809)이라는 실업가와 협력하여 둘은 증기기관을 만드는 큰 공장을 건설했다. 훗날 두 사람은 유명해져서 보울튼은 국왕을 알현하게 되는 영광을 얻었다. 그 자리에서 조지3세는 보울튼에게 무엇을 하느냐고 질문했다. '전하, 저는 어떤 물품의 생산에 종사하고 있습니다만 그것은 국왕께서도 매우 갈망하고 계시는 것입니다.' '그것이 무엇이냐?' 하고 국왕은 물었다 '파워(Power)입니다. 전하'라고 보울튼이 대답했다(파워는 동력을 가리키나 또한 권력도 의미한다).

물론 보울튼은 증기기관이 발명되기 전에는 일하는데 필요한 파워를 말했던 것이다. 그의 협동자 와트는 새로 발명한 엔진의 성능을 일목요연하게 비교하는 방법은 그 엔진과 같은 일을 하는데 필요한 말의 수를 어림하는 것이라고 생각했다. 와트는 이것을 타고난 능률적 방법으로 수행했다.

먼저 그는 어느 맥주양조회사로부터 런던에 있는 어느 양조공장에 있는, 무거운 마차를 끄는 말을 몇 마리 이용하여 실험하는 허가를 받았다. 무게 100파운드의 추에 긴 밧줄을 매어 깊은 우물 에 내렸다. 밧줄의 한쪽 끝은 우물 위에 있는 도르래에 걸었다.* 이 밧줄에 한 필의 말을 연결했다. 와트는 말한필은 평평한 지면위에서 추를 우물 위로 당겨 올리면서 한 시간에 평균 2마일 반(4㎞)의 속도로 걸을 수 있다는 것을 알아 냈다. 바꿔 말하면 말은 100파운드(45㎏)의 무게를 들어 올리면 서 한 시간에 2마일 반, 즉 매분 220피트의 비율로 걸었다.

이러한 이치로 말은 100파운드의 무게를 1분간에 220피트 (66m)의 높이까지 들어 올렸다. 수학적으로는 이것은 1파운드 를 22,000피트의 높이로 들어 올리는 것과 같다. 실험은 와트 가 사용한 말 한 마리가 1분간에 〈22,000피트·파운드〉의 일을 할 수 있는 것을 알아냈다. 그는 말이 추를 바로 위로 당겨 올 릴 수 없다는 것을 알고 있었고 그 때문에 도르래를 썼으나, 도르래는 마찰이 있기 때문에 운동을 얼마간 더디게 하는 효과 를 갖는 것을 알고 있었다. 또 그는 실험에 사용한 말이 다른 말보다 힘이 약했을 가능성도 있는 것을 알고 있었다. 그 밖의 일도 신중하게 생각해서 자기가 얻은 22,000이라는 숫자를 5 0% 늘리기로 결정하고 이것을 33,000으로 했다. 따라서 1마 력이란 매분 33,000피트·파운드(1초당 550피트·파운드)이고 이 정의는 지금도 쓰이고 있다.*

그래서 와트가 엔진을 사는 사람에게 이 엔진의 마력은 얼마 라고 하면 그 사람은 엔진의 〈1마력〉마다 그것이 33,000파운 드를 1분간에 1피트의 높이로 올리는 것을 와트가 보증하고 있 다는 것을 알았다. 덕분에 구매자는 엔진의 성능을 말이 하는 일과 비교할 수 있게 되었다.

---

* 콕스, 《역학》; J. Cox, Mechanics, 1904
* 재미슨, 《증기 및 증기 기관기초편람》; A. Jamieson, Elementary Manual on Steam and the Steam Engine, 1898

20. 기관차, 길에 나오다

18세기 말까지 세이버리, 뉴코멘, 와트와 같은 발명가들이 탄광 내에서 지하수를 퍼내는 일에 말을 대치할 만한 증기기관을 만들어 냈다. 그 무렵에 이번에는 다른 발명가들이 노상에서 손수레며 마차를 끄는 일에도 말을 대치할 수 있는 〈증기기관차〉를 만들려고 생각하기 시작했다.

퀴뇨의 엔진

증기기관차를 처음 발명한 사람 중 하나는 니콜라 조세프 퀴뇨(Nicolas Joseph Cugnot, 1725~1804)라는 프랑스 사람이다. 그는 군사기술자로 1769년에 먼저 증기기관차의 작은 모형을 만드는 데 성공하였고 나중에는 레일 없이 길 위를 달리는 실물 크기의 엔진을 만드는 데 성공했다. 이 실물 크기의 엔진은 앞에 하나, 뒤에 둘, 모두 세 개의 바퀴를 갖고 실린더의 엔진을 싣고 이것으로 앞바퀴를 움직인다. 보일러에서 만들어지는 증기는 기관차를 기껏 15분밖에 달리게 할 수 없었고 그 뒤에는 다시 증기가 생길 때까지 엔진을 정지시키지 않으면 안 되었다. 육군상은 말 대신에 기관차를 써서 대포를 끌 수 있는 방법에 크게 관심을 기울여 실험하도록 명령했다.

그 시험을 하는 날 엔진은 파리의 거리에서 한 시간에 10마일의 속력으로 달렸다. 어느 모퉁이를 지나갈 때까지는 모든 일이 순조로웠다. 그 모퉁이를 돌려고 했을 때 기관차는 큰 폭음을 내면서 넘어졌다. 엔진은 파열되고 일설에 의하면 몇 사람이 부상했다고 한다. 그 중에는 시험을 시찰하러 온 고위층

군인도 몇 사람 포함돼 있었다고 한다.

시험은 즉시 중지되고 퀴뇨가 그런 위험한 물건을 두 번 다시 사용하지 못하도록 창고에 넣고 자물쇠를 잠궜다(퀴뇨 자신도 엔진과 같이 감금되었다고 한다). 그러나 엔진은 파손되지 않았다. 어느 저술가 의하면 뒤에 나폴레옹(Napoléon Bonaparte, 1769~1821, 재위 1804~1815)은 자신의 군대에 소용될 듯한 것에는 무엇에나 관심을 갖는 사람이었으므로 이 엔진에도 대단한 흥미를 나타냈다고 한다. 1801년 다시 한 번 시험하기로 했으나 실행되기 전에 나일(Nile) 침략을 위해 출발해버렸다. 이 최초의 엔진은 매우 그럴싸한 장소에 잠자고 있다. 오늘날에는 처음 시험된 거리 근처에 있는 박물관에 수용되어 있다.*

머독의 기관차, 목사를 겁주다

노상기관차의 발명에 박차를 가한 것은 젊은 스코틀랜드 사람 윌리엄 머독(William Mirdock, 1752~1839)이었다.** 그는 당시 광산배수용의 거치증기기관을 제조하는 유명한 보울튼-와트사에 고용되어 콘월 주재 기사로 있었다. 머독은 자기 회사가 만들고 있는 증기기관에 대해 잘 알고 있었기 때문에 자력으로 도로를 달리는 기관차의 작은 모형을 만들기로 했다. 그는 1784년에 완성했다.

그것은 길이 약 48㎝, 높이 약 36㎝로 바퀴가 앞에 하나, 뒤에 두 개가 달려 있었다. 구리로 만든 보일러를 알코올램프로

---

* 《기계공학자협회보》; Proceedings of the Institute of Mechanical Engineers, 1853
** 《과학사 뒷얘기 1》(화학), 13장; 《과학사 뒷얘기 2》(물리), 18장 참조

머독은 자기가 만든 기관차를 뒤쫓아 갔다

가열했다. 실린더는 지름 2㎝, 행정(行程) 5㎝였다. 엔진은 증기의 팽창력에 의해 움직이고 증기는 실린더 안에서 일을 한 뒤 대기 중에 방출되었다.

　처음에 그는 모형을 실내에서 시험했다. 그것은 레드루드(Redruth)에 있는 그의 집 마룻바닥 위를 조그마한 모형의 짐마차를 끌고 달릴 수 있었다. 다음에는 교회로 통하는 비교적 미끄러운 마찻길에서 시험하기로 결정했다. 그 〈시험운전〉에 대해서 트레비딕(Francis Trevithick)은 다음과 같이 이야기 하고 있다.*

　『머독은 길에서 달리도록 설계한 모형 증기기관차를 밤마다 남몰래 만들었다. 그것은 매우 작았으므로 운전수가 타고 달릴 수 없었

_____

* 트레비딕, 《리처드 트레비딕의 생애》; F. Trevithick, Life of Richard Trevithick, 1872

다. 이 작은 신사는 몸집은 작았지만 한번은 그 발명자가 경주하여 이길 수 있었다. 어느 날 밤 머독은 콘월의 레드루드(Redruth) 광산에서 하루 일을 마치고 귀가하여 자기 엔진의 힘을 시험해 보려고 생각했다. 당시 레일은 알려지지 않았으므로 그는 마을에서 1.6km 가량 떨어진 곳에 있는 교회로 통하는 길을 사용했다. 이 길은 아주 좁으나 정원 안의 작은 길처럼 롤러로 평평하게 했다. 그날 밤은 어두웠는데 그는 혼자서 용기를 내어 엔진을 끌고 도로에 나가 불(보일러 밑에 있는 램프)을 붙였다. 기관차는 달리기 시작했고 발명자는 전속력으로 뒤를 쫓아갔다. 그는 멀리서 절망적인 비명을 들었다. 어두워서 아무것도 분별할 수 없었으나 도움을 청하는 소리는 점잖은 목사가 부르짖고 있는 것임을 곧 알았다. 목사는 때마침 볼일이 있어서 거리로 가려고 교회에서 걸어 나오고 있었다.」

목사는 갑자기 무엇이 어둠 속에서 뛰어나와 무서운 속력으로 불꽃을 내뿜으면서 씩씩거리고 자기에게 침을 뱉으면서 덤벼드는 것을 보았던 것이다. 「그는 그것을 악마로 생각하고 큰 목소리로 살려달라고 소리쳤다.」

머독은 당황하여 그곳에 달려가 목사가 정신을 잃을 만큼 무서워하고 있는 것을 보고 진정시키려고 그 이상하게 움직이는 것의 정체를 설명하기 시작했다. 그리고 나서 그는 모형을 뒤쫓아가 다른 사람을 놀라게 하기 전에 겨우 찾아서 돌아왔다.

머독의 실험소식이 와트의 귀에 들어가자 와트는 머독이 자신의 모형기관차에 열중하여 일을 소홀히 해서는 곤란하다고 근심했다.[*] 그래서 그는 보울튼에게 머독을 만나서 실험연구를 중지하도록 설득해 달라고 부탁했다. 보울튼은 승낙하고 갔으

---

[*] 스마일즈, 《기술자들의 생애》

나 자칫하면 때를 놓칠 뻔했다. 왜냐하면 보울튼이 머독을 만난 것은 그가 기관차 제법의 특허를 얻기 위하여 런던으로 가는 도중이었기 때문이다. 보울튼은 침이 마르도록 설득하여 간신히 머독을 콘월에 데려올 수 있었다.

머독은 집에 돌아와서 모형엔진을 싼 짐을 풀고 아마 이것이 엔진을 움직이는 최후의 기회일 것이라고 여기고 섭섭해 하면서 그것을 달리게 했다. 그러나 그는 그것을 버리기 전에 보울튼이 보는 앞에서 그것이 부삽, 불 갈퀴, 부젓가락 등의 짐을 싣고 끌 수 있음을 보여주었다.

모형 중의 하나—머독은 두서너 가지 다른 모형을 만들었다—는 그의 가족들이 100년 동안 소중하게 보존했으며 그 뒤 박물관에 팔렸다.

트레비딕의 기관차

대략 같은 시기에 머독의 마을에서 그렇게 멀지 않은 곳에 또 한 사람의 기술자 리처드 트레비딕(Richard Trevithick, 1771~1833) 대위가 살고 있었다. 이 사람도 광산에 고용되어 있었으나 역시 발명가 기질이 있는 사람으로 압력이 센 증기를 사용한 증기기관을 설계했다. 고압의 증기가 피스톤을 실린더의 머리까지 떠밀어 올려서 바깥으로 빠져나갈 때 〈폭(Puff)〉하는 소리를 냈다. 그래서 그 지방 사람들은 이 엔진을 칙칙폭폭 (Puffer) 엔진이라 불렀고 〈칙칙폭폭〉이라는 별명은 모든 증기 기관에 적어도 1세기 동안 붙어 다녔다. 트레비딕의 최초의 노상기관차는 마을의 대장간에서 조립되었다. 그것은 실린더 하나와 모형보일러 연통이 있고 최저 6명은 탈 수 있는 크기였

182

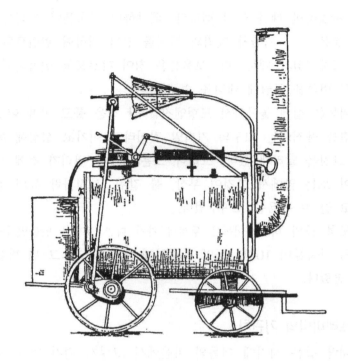

트레비딕의 엔진

다. 1801년 크리스마스 이브에 시험운전 준비가 끝났다.

스티브 윌리엄즈(Stephen Willams)라는 영감은 1858년 그날
의 일을 회상하며 다음과 같이 이야기하고 있다.*

『나는 딕(Dick, 리처드 애칭) 트레비딕 대위를 잘 알고 있었다. 그
는 나와 동갑이었다. 나의 직업은 술통 제조인데 딕이 그의 최초의
증기차를 만들고 있을 때 나는 매일같이 그것을 조립하고 있는 가
까운 웨이드(Weith)에 있는 존 타이액(John Tyack)의 대장간에 들렸

* 《리처드 트레비딕의 생애》

다. 모든 부분품을 꼭 맞추어 조립하는 데는 많은 고충이 있었다.

1801년 크리스마스 이브에 딕은 저녁 때에 와서 차를 웨이드의 대장간 바로 앞의 큰 길에 끌어내어 증기를 일으키기 시작했다. 딕이 증기차를 움직이려고 하는 것을 보고 우리들은 탈 수 있는 데까지 많이 올라탔다. 7~8명이 탔을 것이다. 웨이드에서 캠본 비콘 (Camborne Beacon)까지는 올라가기 힘든 비탈길이었으나 차는 참새처럼 쉽게 올라갔다.

차가 400m쯤 갔을 때 도로는 모두 돌밭이었다. 차는 그렇게 빨리 달릴 수 없게 되었고 비가 내리고 있었으며 차에 꼭 끼여 앉았으므로 고통스러워서 나는 뛰어내렸다. 차는 내가 걷는 것으로 따라갈 수 없을 만큼 빨리 달리고 비탈길을 다시 400~800m 가량 올라갔다. 거기서 그들은 차를 되돌려 또 대장간으로 돌아왔다.」

이때의 또 한 사람의 〈히치하이커(Hitchhiker)〉는 다음과 같이 회상하고 있다.

『트레비딕은 엔진에 무게를 붙이기 위해 사람들에게 '모두 타시오'라고 말했고 사람들이 주렁주렁 매달렸다. 무게는 증기가 계속되는 한 속력에는 조금도 영향을 미치지 않는 것 같았다. 엔진에 의하여 돌려지는 복동식 풀무가 불에 바람을 보내고 엔진은 한 행정마다 증기와 연기를 굴뚝에서 폭폭 내뿜기 때문에 〈딕의 칙칙폭폭〉이라고 불렸다.」

트레비딕이 이 최초의 시험운전에 사용한 도로는 험한 길이었다. 그 길은 약 1/15의 비탈길이었고 표면은 돌밭이었다. 말이 끄는 마차는 이 고개를 올라갈 때는 아주 천천히 걸어가는 정도의 속력밖에 내지 못했다.

다음날 트레비딕이 차를 약 1.5㎞쯤 달려서 친구인 앤드루

비비언 대위(Andrew Vivian)의 집 앞을 지나갔다. 비비언 대위네 가정부 아주머니는 그것을 보고 질겁하여 부르짖었다. '아이고. 웬일이야, 비비언 선생님, 간이 떨어지겠네요. 저건 연기를 내뱉으면서 걷는 악마랄 수밖에 없잖아요'

세상에 인정되지 않았던 트레비딕

1801년 12월 8일 엔진은 최후의 주행에 나섰다. 트레비딕, 비비언 대위와 다른 2, 3명이 탔다. 도중에 '도로를 횡단하여 흐르는 외나무다리도 걸려 있지 않은 작은 시냇물 비슷한 것'에 이르렀다. 차는 이것을 건널 때 덜거덕하고 튕겨 운전수가 잡은 키잡이 핸들이 댕강 잘려나가고 엔진은 홀렁 뒤집혔다. 비탈길을 3,400m나 단숨에 달려 올라간 뒤의 일이었다.

근처에 선술집이 있었으므로 일행은 차를 처마 밑에 세운 다음 안으로 자리를 옮겼다. 여기서 그들은 '거위불고기와 약간의 음료로 기분을 풀었다.'

모두들 엔진은 까맣게 잊어버리고 그 안에서 불이 아직 타고 있는 것도 잊어버리고 말았다. 곧 보일러의 물은 남김없이 증발하고 '철은 새빨갛게 타서 더 탈 것이라곤 엔진 자체와 선술집 건물밖에 남지 않았다.' 그러나 어떤 전설에 따르면, 운전수가 호텔에 들어간 사이에 합승마차와 마부들은 엔진이 성공한 것이 확실해지면 자신들과 말들의 일거리를 빼앗길 것이라고 겁을 먹고 엔진에 불을 붙였다고 한다.

트레비딕과 동료들은 다시 작업에 착수하여 또 다른 엔진을 만들어 1802년 「증기로 움직이는 차」의 특허를 획득했다. 그들은 엔진을 런던에 갖고 와서 공개전시하면 어떻겠느냐고 권유

받았다. 일설에 의하면 「런던으로 가는 도중 그것은 캠본 비콘에서 플리머드까지 150㎞를 자력으로 달리고 거기서 배로 운반되었다」고 한다. 런던에서 새로운 객차가 만들어졌으나 엔진은 극히 단기간 달렸을 뿐 다시 콘월로 반송되었다. 증기기관차로 도로에서 여객을 운반하는 실험은 발명자가 기대한 것만큼 성공하지 못했다.

트레비딕은 완전히 실망하여 남아메리카로 이주한 뒤 거기서 전과 같이 광산기술자로 일했다. 뒤에 영국에 돌아왔으나 '교구(Parish)에서 부양을 받다가 죽었다.' 그는 가난의 구렁텅이에 빠졌던 것이다. 그의 옛 동료들은 기부금을 모아 장례를 치렀다. 1932년 그를 기념하기 위하여 동상을 만들었다. 그것은 그의 증기기관차가 처음 달려 올라간 언덕 비콘 힐(Beacon Hill)을 향하고 있다.

21. 탱크의 비밀

1차 세계대전은 1914년 여름 독일군의 전격적인 진격으로 막을 올렸다. 기병이 맨 앞에서 돌진하고 그 뒤를 보병이 될 수 있는 대로 빨리 따라가는 방법으로 각지를 점령·확보했다. 며칠 안에 독일군은 벨기에, 북프랑스의 일부를 유린했다. 벨기에, 프랑스, 영국의 군대는 버스, 말을 타거나 도보로 서둘러 전선으로 달렸다. 군사지도자들은 모두 이 전쟁이 급속히 진전될 것으로 예상하고 있었으나 처음에만 그랬고 몇 달이 지나지 않아 참호전으로 고착되어 버리고 대규모의 부대나 포의 진격은 극히 드물게 되었다.

이러한 전쟁이 되리라고는 어느 쪽 지도자도 전혀 예상하지 못했다. 그렇게 된 원인은 주로 기관총의 사용—이것은 예상보다 훨씬 효과적이었다—과 철조망의 가설에 있었다. 보병은 철조망이 빈틈없이 쳐진 지면에서는 움직일 수 없었고 요충에 늘어놓은 무서운 기관총에 맞서 전진하는 것은 극히 곤란했다. 기병도 소용없었다. 왜냐하면 대포를 아무리 쏘아대도 철조망을 제거할 수 있는 넓이는 거의 무시할 수 있을 만큼 적었기 때문이다. 그래서 전쟁이 침체되는 것을 피하기 위해서 과학과 기술을 동원하게 되었다. 독일의 과학자는 독가스를 사용할 것을 결심하였고* 영국의 기술자는 탱크를 발명했다.

탱크의 계획
영국의 발명가가 해결하지 않으면 안 되었던 문제는 많았다.

---
* 《과학사의 뒷얘기 1》(화학), 21장 참조

188

참호와 참호 사이의 지면(무인지대)은 겨울에는 억수같은 비때문에 늪이 되었다. 땅은 낙하하는 포탄으로 진흙투성이로 바뀌었다. 철조망이 빈틈없이 쳐져 있었다. 어디 할 것 없이 포탄이 파놓은 큰 구덩이가 있었다. 탱크가 성공하려면 이 무서운 상태에 있는 지면 위를 쉽게 빨리 달릴 수 있는 것만으로는 충분하지 않았다. 독일군의 기관총을 침묵시킬 만한 무기도 장비하지 않으면 안 되었다. 또 내부의 승무원을 지키기 위해 두꺼운 장갑도 해야 했다.

만들어진 탱크는 이런 요구를 대개 충족시키는 것이었다. 그러나 이번 장의 이야기는 탱크의 비밀을 지키기 위해서 취해진 방법을 다룰 것이고 탱크의 제조방법은 그렇게 자세히 언급하지 않겠다.

1915년 6월 영국정부는 〈전선(前線)〉의 곤란한 상태를 타파하는데 적합한 전쟁기계를 제조하는 문제를 연구하기 위해 〈육선위원회(Landiship Committee, 陸船委員會)〉를 설치했다.* 이 위원회는 최초의 탱크를 만들기 위해서 링컨(Lincoln)의 농업기술자의 회사 윌리엄 포스터사(William Foster&Co.)의 조력을 요청했다. 전쟁 전에 포스터 회사는 바퀴 대신에 무한궤도(Caterpollar)를 가진 트랙터를 만들었다. 그것은 두렁 있는 밭과 같은 곳이나, 바퀴 달린 트랙터로는 너무 울퉁불퉁하여 움직일 수 없는 지면에서 사용할 수 있도록 설계된 것이었다. 포스터 회사는 무인지대의 거친 지면을 달릴 전쟁 기계를 만들 만한 충분히 쓸모 있는 경험을 꽤 많이 축적하고 있었다.

탱크를 개발하는 일은 급속히 진전되어 1915년 9월 실물크기

---

* 처칠, 《세계의 위기》; Winston Churchill, The World Crisis, 1937

의 나무로 된 모형—작은 윌리(Willy)라 불렸다—이 완성되었고, 육
선위원회의 회원이 링컨에 와서 점검하는 것을 기다리기만 하면
되었다. 그러나 점검이 실행되기 전에 설계자들은 개량을 결심하
고 새로운 모형을 만들었다. 그전에는 〈큰 윌리〉라 명명되었으
나 시험을 통과한 뒤에는 〈머더(Mother)〉라고 개칭되었다.

탱크가 전쟁터에 모습을 보일 때까지는 비밀로 하기 위하여
많은 노력이 필요했다. 이 비밀보존운동을 주장한 한 사람이
처칠[이후 처칠 경(Sir. Winston churchill, 1874~1965)]이었다.
1915년 2월 당시 해군 상이었던 처칠은 〈육선〉을 만드는 계획
에 흥미를 느꼈다. 육선은 일종의 배라고는 하지만 해군성과는
아무런 관계도 없었다. 그러나 그러한 것은 처칠이 육선위원회
를 설치하는 데 방해가 되지 않았다. 또 필요한 실험을 시작하
기 위하여 국고에서 약 7만 파운드를 지출하는 명령을 하는 것
도 방해하지 않았다. 그러나 그는 이 행위가 완전히 이례적인
것임을 알고 있어서 만약에 알려지면 몹시 비난받을 것이라고
생각했기 때문에 이 일을 비밀로 해 두었다. 「나는 육군성에는
알리지 않았다」고 그는 기술하고 있다. '왜냐하면 그들이 내가
이 영역에 개입하는 것에 반대할 것을 알고 있었고 또 군수국
은 그러한 아이디어를 쾌히 받아들이지 않을 것을 알고 있었기
때문이다. 나는 대장성에도 알리지 않았다.'*

비밀을 지키기 위해 거짓말을 퍼뜨리다

포스터 회사는 비밀을 보존하기 위하여 어떤 수단을 강구할
수 있는지를 검토해 달라는 요청을 받았다. 당국은 낯선 사람

---

* 《세계의 위기》

을 공장에 투입하지 않기 위해 보초를 세우겠다고 제안하고 또 만약 회사 쪽에서 희망한다면 탱크가 완성될 때까지 이 일에 종사하는 모든 사람이 함께 살도록 하는 강제 명령을 내려도 좋다고 했다.

기술자들은 '보초를 세운다든가 격리구역을 설치한다는 것은 그야말로 나팔을 불고 「여기에 비밀이 있다」고 사람들에게 알리는 것과 같은 짓이기 때문에' 환영하지 않는다고 대답했다. 그 대신 그들은 그 기계의 목적이 전혀 다른 데 있다고 설명하는 것이 좋다고 제안했다(혹은 회사의 한 중역이 노골적으로 말한 것처럼 '그들은 간단하게 폭로될 것 같지 않은 거짓말을 퍼뜨리고 싶어 했다'). 당국은 얼마간 주저하였으나 이 방법을 받아들였다.*

이 정책을 신중하게 수행하기 위해서 포스터 회사의 전무이사는 공장에서 무엇인가 중요한 것을 만들고 있음을 눈치채일 만한 일은 아무것도 하지 않고 공장현장에서 퍼지는 많은 소문도 제거하려고도 하지 않았다. 그뿐만 아니라 그는 일에 대해서 그릇된 생각이 퍼지도록 애썼다. 특히 〈보스〉가 미치광이 같은 생각에 들떠 있다는 소문을 부채질했다. 〈보스〉인 윌리엄 트리튼(William Tritton, 이후 윌리엄 경)은 제도 주임 윌리엄 리그비(William Rigby)보다 훨씬 키가 작았다. 그래서 종업원들은 장난기를 부려 최초의 모형을 〈작은 윌리〉라 부르고 두 번째 모형을 〈큰 윌리〉라 불렀으나[윌리는 윌리엄의 애칭이지만 〈오싹하는 기분(Willies)〉이라는 뜻도 있다] 아무도 말리려 하지 않았다. 이 별명은 종업원들이 재미있어 했을 뿐만 아니라 그 기묘한 기계

* 트리튼, 《그 탄생과 발전》; W. A. Tritton, The Tank, Its Birth adn Development

를 조소하고 깔보게 만드는 효과가 있었다. 자기들이 조소하고 있는 것을 극히 중요한 것으로 느끼는 사람은 거의 없었다.

기계의 모양이 완성되어 감에 따라 장차 그것이 무엇에 쓰이는지에 관해 새로운 거짓말이 선전되고 유포되었다. 예를 들면 육선의 동체를 그린 도면은 모두 제도 주임이 「메소포타미아(Mesopotamia, Iraq)로 가는 물 운반기계」라는 라벨을 붙였다. 이 말은 뒤에 육선을 부르는 이름을 낳는 바탕이 되었다. 그 이유는 노동자들은 그렇게 긴 이름은 귀찮았으므로 간단하게 〈저 탱크(That Tank Thing, 탱크는 수조를 의미한다)〉라는 말로 줄여버렸기 때문이다.

훨씬 뒤에는 사람을 속이는 새로운 방법이 사용되었다. 완성된 탱크가 공장에서 나왔을 때 공장 근처의 공지에 정렬되어 번호를 달고 라벨을 붙였다. 그러나 제일 먼저 만들어진 탱크에는 700이라는 번호가 붙었고 어떤 탱크는 「취급주의 페트로그라드(Petrograd, Leningrad) 행」이라고 러시아어로 쓰인 넓이가 30㎝나 되는 큰 라벨이 붙었다. 전무이사가 평한 것처럼 '고개를 갸우뚱하는 놈은 많았으나 러시아어를 아는 친구는 거의 없었다.'*

탱크의 시험

1916년 1월 최초의 실험을 할 준비가 완료되어 탱크는 철도로 햇필드(Hatfiel)에 운반되었다. 탱크는 타르를 칠한 방수포로 엄중히 덮어지고 어둠 속을 달려 밤중에 도착하도록 기차 시각이 선정되었다. 링컨에서 실을 때나 햇필드에서 하차시킬 때에

---

* 쉴튼, 《목격자》; E. D. Swinton, Eywitness, 1932

도 철저히 비밀이 지켜졌다. 실험장(골프장이었다)으로 통하는 모든 도로는 폐쇄되고 보초가 배치되었다. 도로 쪽으로 향한 몇 개의 집에 사는 주민들은 창문에 블라인드를 드리우도록 지령을 받고, 그 겨울아침 아직 어두운 때에 묵직한 소리를 울리면서 밖을 지나가는 기계에 대하여 무엇 하나 알려고 해서는 안 된다고 엄중한 명령을 받았다. 탱크를 조종하는 리그비에게는 어떤 일이 있더라도 탱크를 페어웨이(Fairway, 골프장의 잔디밭)에 끌고 간다든지 그 밖의 코스의 잔디를 상하게 해서는 안 된다고 지령이 내려졌다.

시험에는 육군참모부의 멤버와 프랑스 헤이크 장군(Douglas Haig, 1861~1928, 서부전선의 영국군총사령관)의 사령부에서 파견된 대표자 한명이 입회했다. 시험은 성공하여 그 결과 다수의 기계가 주문되었다.

때때로 소수의 중요한 방문객이 〈시험용 탱크〉에 탑승하는 것이 허락되었다. 어느 날 한 방문자가 조종사 뒷자리에 앉았다. 조종사는 링컨에서 신뢰받는 노동자로 포스터 회사의 기계운전에는 익숙했다. 조종석 앞에는 거의 공간이 없고(아직은 푸시버튼 조종시대가 아니었다) 조종사는 엔진을 조종할 때 크고 무거운 지레를 당겨야만 했다. 그 방문자는 극도의 호기심이 생겨 몸을 앞으로 구부려 점점 조종사에게 가깝게 다가갔다고 한다. 조종사는 그가 너무 가까이 다가왔기 때문에 분통을 터뜨리며 낯선 방문자 쪽을 향하여 이렇게 거친 말로 윽박질렀다. '이봐, 어디 이 따위가 있어? 저 혼자 다 맡겠다는 거야? 뒤에 얌전히 자빠져 있지 못해!' 방문자는 즉시 뒤로 〈물러났지만〉 그 뒤 오래도록 이 드라이브를 매우 재미있게 회고했다고 한다.

그 분은 영국 국왕 조지 5세(George V, 1865~1936, 재위 1910
~1936) 전하였다.

몇 달 전부터 정부기관에서는 이 새로운 비밀의 기계를 가리
켜 육선, 육지용 순양함, 캐터필러, 기관총 부구축함 등등의 이
름을 사용해 왔다. 그러나 이런 이름은 듣기만 해도 이 기계의
장래의 용도가 간단하게 알려져 버리기 때문에 실로 서투른 짓
이었다. 쉰튼 대령(Sir. Ernest Dumlop Swinton, 1868~1951)은
이 신무기의 도입에 특별히 중요한 역할을 한 사람이지만 그런
〈수다스런 이름〉 대신에 다른 이름을 찾아보라는 부탁을 받았
다고 기록하고 있다. 그는 다음과 같은 경위로 새로운 이름을
생각해냈다.

『어느 날 밤 나와 동료들은 대신할 만한 말을 둘러싸고 토의했다.
기계는 처음에 상자 같은 구조를 가졌기 때문에 상자나 용기의 뜻을
갖는 말이 적당한 것처럼 생각되었다. 컨테이너(Container), 리셉터클
(Receptavcle), 리저봐(Reservoir), 시스턴(Cistern)—우리는 차례차례로
지워버렸다. 음절이 하나 밖에 없는 〈탱크〉는 알기 쉽고 외우기 쉬워
서 우리들 마음에 들었다.』

이리하여 육선이라는 이름은 탱크로 바꾸어졌다. 대령은 링
컨의 노동자들이 1915년 12월보다 훨씬 오래 전에 이 이름을
만들었다는 것을 벌써 듣고 있었는지 그 여부에 관해서는 한마
디도 언급이 없다.

탱크, 전쟁터에 출현

곧 병사들에게 이 비밀 전쟁기계의 사용법을 훈련할 시기가
왔다. 최초의 몇 주일 동안 병사들은 그것에 대하여 아무것도

몰랐으나 비밀이 공개되고부터는 훈련 막사는 극히 엄중하게 호위되었다. 기병순찰대가 주위에 배치되고 그 내부에 여섯 줄의 보초선이 설치되었다.* 드디어 3개월간의 비밀연습이 행해지고 그 후 8월 말에 병사도 탱크도 프랑스로 건너갔다.

그들은 도착하고 나서 3주일도 되기 전에 실전에 참가했다. 영국 서부전선의 총사령관 헤이그경은 쓸 수 있는 모든 탱크는 전부 솜(Somme)의 전쟁터에서 사용하기로 결정했다. 이리하여 1916년 9월 15일 새벽, 아침 안개를 헤치고 32대의 탱크가 독일군이 지키고 있는 플레드 마을(Flers)을 향해 진격을 개시했다.

탱크의 공격은 대성공이었다. 마을을 점령하고 독일군의 전선을 크게 돌파하는 것이 가능하게 되었다. 그러나 지원부대가 불충분해서 깊숙이 침입하지 못하고 결국 최종적 결과로서 황폐한 촌락을 점령한 것뿐이었다. 헤이그 경은 지급보고서에 이렇게 기술하고 있다.

『오늘 탱크는 보병과 협력하여 행동한 결과 크게 성공했다. 적병을 경악하게 하고 그들의 저항을 격파하는 데 귀중한 도움을 주었다. 그것들은 적군의 사기를 말할 수 없이 저하시켰다.』

어느 신문은 비행기에서 이 싸움을 지켜보고 있던 한 정찰병이 보낸 다음의 통신을 인용하고 있다.

『탱크가 플레르의 대로를 활보하고 영국 병사가 환호를 올리면서 뒤를 따르고 있다.』

그러나 국지적인 성공을 별도로 한다면 이 탱크의 최초의 행동

* 엘리스, 《탱크부대》; W. Ellis, The Tank Corps, 1919

탱크의 기습은 성공했다

이 올린 전과는 보잘것없었고 고도의 비밀무기를 이러한 시시한 데 사용한 것은 엄격하게 비판되었다. 영국의 수상 로이드 조지 (1st David Lloyd George, 1863~1945)는 뒤에 이렇게 기술했다.

『1916년 9월에 비교적 국지적인 작전에 이 기계의 최초의 부대를 출전시킬 것을 결정한 것은 엄청난 대실책이었다. 많은 사람은 수백 대가 만들어질 때까지 그것을 전투에 참가시키지 않도록 노력했으나 대답은 '헤이그가 그것을 원하고 있다'는 것이었다. 그 때문에 이 위대한 비밀은 점령할 가치도 없는 솜의 작은 마을의 엉망진창인 폐허와 교환되어 팔려버렸다.』*

---

* 로이드, 《전쟁의 추억》; D. Lloyd George, War Memoirs, 1933

196

그러나 이 비밀은 어차피 그렇게 오랫동안 숨겨져 있을 수
없었을 것이라고 논평되고 있다.

『9월 15일보다 먼저 독일군 측에서는 자기들 군대에 대한 기습
이 준비중임을 벌써 어렴풋이 눈치채고 있었다. 그 전투에서 잡힌
포로가 말한 바에 따르면 독일군의 일선부대는 15일보다 전에 어떤
종류의 장갑차가 사용될지 모르겠다는 경고를 받고 있었다. 또 14
일의 오전에는 위장하여 대기하고 있는 탱크의 존재가 계류기구 또
는 비행기에 의하여 발견되어 있었으며 머지않아 공격해올 가능성
은 탐지되고 있었다. 그러나 적이 무엇인가 알아차렸다 하더라도 그
것은 결국 최후의 순간이었다. 또 경고가 있었다 하더라도 극히 막
연한 성격의 것으로 오히려 부대의 불안을 중대하고 공격의 효과를
증대시키는 결과가 되었을 것이 틀림없다. 모든 점에서 그것은 완전
한 기습이었다.』

처칠은 그 뒤에 다음 주석을 첨가하고 있다. 『영국군이 그렇
게 지각없이 비밀을 누설해 버렸는데도 독일 육군성은 그것을
거의 이용하지 않았다. 그러므로 1년이 지난 1917년 11월 20
일 콩브르(Com-bres)에서 영국군이 탱크를 사용하였을 때 독일
군은 완전히 기습당했다.』

그 탱크부대의 역사를 쓴 풀러 대령(John Frederick Charles
Fuller, 1878~1966)에 의하면, 그날 '탱크부대의 참모부의 머릿
속에서 떠나지 않았던 한 가지 계획'이 시험된 그 작전에서는
기습이 위주가 되었을 것이다. 500대의 탱크가 '공격의 테이프
를 끊을 예정이었다. 탱크가 실제로 줄지어 나갈 때까지는 영
국의 포병은 한발도 발사하지 않았다.'*

---
*《세계의 위기》

'그 공격은 엄청난 대성공이었다'고 풀러 대령은 잇는다.

『탱크가 보병을 바로 뒤에 거느리고 전진하는데 적은 완전히 균형을 잃고 당황하여 전장에서 도망쳤다. 도망치지 못한 병사들은 거의 아무런 저항도 없이 항복했다. 11월 20일 오후 4시까지는 역사상 가장 놀랄 만한 성과가 거두어졌다. 11월의 짧은 낮 하루 사이에 독일군의 참호시스템이 10㎞에 걸쳐 완전 돌파되어 1만의 포로와 100문의 포가 노획되었다. 영국병사의 손실은 1,500명 이했다. 서부전선의 전선(戰線)을 통하여 연합군의 단 일격으로 콩브르 전투 이상의 전과를 올린 예가 있었는지 의심스럽다.』*

최초의 기습을 둘러싸고

이 전투와 그 후 몇 전투는 일부 전투지휘관이나 많은 정치가에게 탱크가 모든 신무기 가운데서 가장 강력하고 가장 성공적인 것의 하나라는 것을 확인시켰다. 전쟁도 종말이 가깝게 되자 영국의 총사령관이 그러한 비밀 전쟁기계를 처음 사용했을 때 일어난 큰 기습효과를 더욱 잘 이용하지 않은 것에 대하여 격렬한 비난이 광범위하게 일어나고 있었다. 앞에서 얘기한 것처럼 로이드 조지도 그런 비난을 한 인물이었다. 적어도 다른 세 명의 훌륭한 전사가(戰史家) 윈스턴 처칠, 쉰튼 대령, 〈공식전사기록자〉도 마찬가지로 비난했다.

거의 반세기 후가 되어 헤이그 경의 전기를 쓴 기술가는 이 비난에 반박을 하고 있다. 그는 1916년 4월 헤이그의 일기를 인용하고 있는데 헤이그 장군 자신은 탱크의 최초의 출현이 일

---

* 풀러, 《대선중의 탱크》; J. F. C. Fuller Tanks in the Great War, 1920

으킬 경악을 이용하고 싶었지만 부하 장군 몇 사람이 탱크를 무서운 무기라고 생각하지 않는 것을 알고 있었기 때문에 굳이 하지 않았다고 한다. 그러나 가장 중요한 이유는 헤이그의 솜 전투 계획은 이 싸움이 〈연합군의 대승리〉가 되어 전쟁을 종결 시킬 것이라는 확신을 기초로 하고 있었던 것이다. 그러므로 그는 그것이 탱크를 실전상태에서 시험하는 최후의 기회가 될 것이라고 생각하였기 때문에 탱크를 투입했다고 한다.*

---

* 테레인, 《더글러스 헤이그》; J. Terrain, Douglas Haig, 1963

22. 일식, 월식의 공포

일식, 월식이란?

이번 장의 일식, 월식 이야기에는 태양과 지구와 달이 주역이다. 태양은 거대한 천체로 지구에 열과 빛을 준다. 지구는 태양의 주위를 거의 원형의 궤도를 그리면서 움직이고 1년 걸려서 1회전이 끝난다. 달은 거의 한 달에 한번 지구의 주위를 돌고 역시 태양에서 빛을 받아 반사하여 빛나고 있다.

지구와 달이 이렇게 움직이는 동안에 달이 지구와 태양의 중간을 통과하여 세 개의 천체가 일직선상에 꼭 들어맞는 일이 있다. 이런 일이 일어나면 작은 달의 그림자가 지구 표면의 극히 좁은 부분을 가려서 이 부분에는 태양의 빛이 미치지 않게 된다. 이것은 1년에 적어도 두 번 일어나나 지구상에서 그 그림자가 되는 특별한 지점에 살고 있는 사람이 보면 태양이 전혀 보이지 않게 되든가(개기일식) 또는 일부가 가려져 보인다(부분일식). 이 현상을 일식이라 한다. 태양이 가려진 것처럼 보이는 것은 실은 달이 막과 같이 가려서 시야에서 감추어져 버리는 탓인데, 달 그 자체는 보이지 않기 때문에 정말로 태양이 없어져 버렸든가 침식되어 작아진 것처럼 생각되는 것이다. 일식이 보이는 지점은 비교적 좁고(개기일식은 지름 2,300㎞) 더욱이 그것은 시간과 더불어 이동하기 때문에 1년에 두 번 일어난다고 해도 어떤 일정한 장소에서 생각하면 그곳에 사는 사람이 일식을 볼 수 있는 기회는 극히 적다. 부분일식이라도 기껏해야 70년에 한번, 개기일식은 2300년에 한번밖에 볼 수 없다.

때때로 지구가 태양과 달의 중간을 통과하여 셋이 꼭 일직선상에 서게 되는 일도 있다. 그렇게 되면 태양의 빛은 지구에 가려져서 달에 미치지 않게 되므로 달은 빛을 잃고 꺼져가는 숯불과 같이 검붉은 둔한 빛을 낼 뿐이다. 이것을 월식이라 한다. 월식은 보통 1년에 1회에서 3회 일어나는데 전혀 일어나지 않는 해도 있다. 월식은 일식과 달라서 그것이 일어났을 때 달이 보이는 장소라면 지구상 어디서나 동시에 관찰할 수 있다. 그러므로 월식이 일식보다 일어나는 횟수가 적으나 일정한 장소에 사는 사람으로서는 월식을 볼 수 있는 기회가 훨씬 많다.

천체가 운동하는 모습은 먼 옛날부터 자세히 알려져 있었다. 지금부터 2000년 전에 벌써 소수의 현명한 사람들은 일식이나 월식이 일어나는 시각을 거의 정확하게 예언할 수 있었고 또 그것을 볼 수 있는 장소를 가리킬 수 있었다.

고대인의 공포

오늘날에 있어서도 일식은 보는 사람들에게 공포와 외경의 마음을 갖게 한다. 대낮인데도 태양이 점점 이지러져서 빛이 줄어듦에 따라 주위는 점차 어둑어둑해진다. 새나 들짐승들까지 두려워서 부들부들 떤다. 새들은 지저귐을 그치고 짐승들은 울부짖고 으르렁거리면서 불안한 모습을 보여준다. 한번이라도 일식을 본 적이 있는 사람이면 미개인들이 당시 얼마나 큰 공포를 느꼈을지 역력히 상상할 수 있을 것이다.

고대의 저술가는 이 큰 공포의 예를 몇 가지나 기술하고 있다. 한 기록에 의하면 철학자 탈레스(Thales, B.C. 625?~545?)는 B.C. 585년 소아시아에서 볼 수 있는 일식을 예언했다고 한다.* 그해 소아시아의 라디아(Lydia) 왕국은 5년 동안이나 이웃나라 메디아(Media)와 싸우고 있었다. 싸움은 이겼다 졌다 하였으나 싸움이 시작되고 나서 6년째 쌍방 모두 상대를 정복하려고 전력을 다했다. 어느 날 격전 중에 탈레스가 예언한대로 일식이 시작되었다. 전장은 점점 어두워지고 태양은 모습을 감추어버렸다. 병사들은 공포에 떨었다. 일식이 끝났을 때 쌍방의 지도자들은 이 기묘한 낮으로부터 밤으로의 변화는 하늘의 경고로서 서로 죽이는 것이 큰 죄라는 것을 그들에게 깨닫게 한 것이라고 확신했다. 그들은 즉석에서 휴전에 동의하고 사이 좋게 지낼 수 있는 방법을 의논하기 시작했다. 그들이 제안한 해결책은 당시의 관례적인 것으로 한쪽의 공주가 다른 쪽 왕자와 결혼하는 것이었다.

약 150년이 지나서 또 하나의 일식이 같은 지역에서 일어났다. 당시 아테네(Athene)에 페리클레스(Perikles, B.C. 495?~429)라는 유명한 정치가가 있었다. 그는 당시의 현인들로부터 일식에 대하여 배웠다. 마침 당시 아테네 사람들은 이웃 섬사람들과 싸우고 있었다. 어느 날 페리클레스가 함대를 이끌고 적지로 향하고 있을 때 일식이 일어났다. 아무런 예고도 없이 햇빛이 없어져 버렸다. 선원들은 극도로 무서워하고 태양이 어두워진 것은 불길한 징조라고 믿었다. 페리클레스는 특히 키잡이가 몹시 무서워하고 당황해하는 것을 보았다. 페리클레스는 망토를 벗어서 그것을 키잡이의 얼굴에 푹 씌워 아무것도 보이지 않게 했다. 이어 페리클레스는 무엇인가 무서운 일, 해가 될 만한 일이 일어났느냐고 물었다. '아닙니다'하고 키잡이가 대답하니까 페리클레스는 말했다. '내가 한 것과 태양에서 일어난

---

* 《헤로도토스》; Herdotos

202

일은 조금도 다르지 않다. 다만 어두움이 생기게 하는 물체가 너의 눈을 가린 나의 망토보다 훨씬 큰 것뿐이다'라며 페리클레스는 부하의 불안을 가라앉혔고 그들은 일식이 끝나자 다시 배를 운행해 갔다.*

일식의 공포는 어느 고대문명에나 공통이었다. 고대 그리스 사람뿐만 아니고 중국 사람들도 일식이나 월식을 두려워했다. 극동 사람들은 일식이나 월식이 일어나는 것을 용이 태양이나 달을 먹으려고 언제나 눈독을 들이다가 덤벼들었을 때라고 믿었다. 그래서 사람들은 그것이 일어난 것을 보면 여럿이 북이며 쇠 대야를 시끄럽게 두들겨서 괴물이 그 소리에 놀라 먹이를 놓을 때—이래서 태양이나 달이 빛을 회복하고 식이 끝난다고 생각했다—까지 계속했다.**

콜럼버스, 월식을 이용하여 인디언을 복종시키다

월식에는 전혀 다른 사용방법이 있다는 것을 콜럼버스가 밝혔다. 1502년, 네 번의 큰 항해 중 마지막 항해를 떠났다. 그의 목표는 아시아의 부유한 칸(Khan)이 지배하는 중국 땅으로 통하는 해로를 발견하는 일이었다. 그는 아시아가 1492년에 발견한 신대륙 근처에 있는 것으로 굳게 믿고 있었다. 몇 주일 동안 오늘날 서인도제도라 불리는 많은 섬을 돌아다니고 또 멕시코만 연안을 따라서 순항하였으나 아시아로 빠지는 통로를 도저히 찾을 수 없었다.

* 플루타르코스, 《유명한 그리스·로마인들의 생애》; Plutarchos, Parallel Lives of Illustrious Greeks and Romans
** 허튼, 《철학 및 수학사전》; C. Hutton, A Philosophical and Mathematical Dictionary, 1795

　몇 번이나 크고 작은 폭풍우를 만났지만 배가 거의 난파할 때까지는 탐색을 단념하려 하지 않았다. 그러나 그 뒤에 굉장히 심한 폭풍우가 일어났기 때문에 계획을 단념해야 했고, 함대는 오늘날 자메이카(Jamaica)라 불리는 섬에 도착했다.

　처음에는 원주민들이 콜럼버스 일행에게 식량을 공급하였으나 원주민도 언제까지나 잘 해주지는 않을 것이라고 콜럼버스는 걱정했다. 또 이 배로는 도저히 에스파냐까지 항해할 수 없다는 것을 알고 있었다. 그래서 사관(士官)인 디에고 멘데즈(Diego Méndez)를 설득하여 조그마한 카누를 타고 에스파뇰라 섬(Española, Hispaniola)을 향하여 출발했다. 이 섬에 있는 에스파냐 식민지에서 구원을 요청하기 위해서였으나 뱃길은 대단히 멀고 또 위험했다.

　몇 달이 지났으나 멘데즈는 아무 소식도 없고 아마 도중에 죽은 것으로 생각되었다. 부하들의 불만은 높아졌다. 에스파뇰라 섬에서는 도저히 구원이 올 것 같지도 않고 따라서 에스파냐로 돌아갈 가망은 거의 없어졌다. 생활조건은 아주 나빴고 식량도 부족했다. 콜럼버스는 오래전부터 환자가 되어 있었기 때문에 부하들은 그를 신뢰하지 않았다. 결국 1503년 1월에 많은 부하가 한 선장의 꾐에 빠져 반란을 일으키고 말았다. 그들은 좋은 카누와 저장물의 일부를 훔쳐 도망쳤다.

　남은 사람들의 상황은 점점 나빠졌다. 인디언들은 '말을 듣지 않게 되었고 여느 때처럼 식량을 가지고 오는 것을 거절하였기' 때문이다. 궁지에 몰린 콜럼버스는 문득 생각이 나서 책 한 권을 펼쳐보았다. 그것은 어떤 독일의 천문학자가 쓴 것으로 월식이 일어나는 시기를 예고하고 있었다. 자메이카에서 1504

년 2월 29일에 월식을 볼 수 있는 것을 알고 그는 근처의 추장들에게 전갈을 보내어 그날 집회를 갖는다고 통지했다.

그날 추장들이 모였을 때 콜럼버스는 '주민들은 그가 신의 명령으로 온 것을 알고 있고 그도 이미 그들에게 그렇게 말하였는데도 지금까지와 같이 식량을 갖고 오지 않는 것에 놀라움을 표명했다.'* 콜럼버스는 말했다. '나의 신은 하늘에 살고 있다. 신은 선한 사람에게는 상을 주지만 악한 사람은 벌한다. 신은 주민들이 먹을 것을 갖고 오는 것을 거절한 데 매우 노하고 그들을 기아와 질병으로 벌하려고 결심했다. 신의 말을 의심하는 자 모두에게 그것을 알게 하기 위하여 신은 자신의 의사표시를 하늘에 나타내기로 결정했다. 먼저 오늘밤 그들은 떠오르는 달이 핏빛으로 되는 것을 볼 것이다. 그것은 그들에게 지금부터 내려질 벌의 종류를 나타내는 것이다.' 이 연설을 듣고 많은 사람은 놀라워했고 어떤 사람들은 콜럼버스를 비웃었다.

모두 해가 지는 것을 조마조마하게 기다렸다. 이윽고 달이 떠올랐다. 그것은 불타고 있는 것처럼 새빨갰다. 이어 달에 검은 그림자가 서리기 시작했다. 주민들은 떨기 시작했다.** 그림자는 점점 커져서 달을 덮어갔다. 금세 인디언들은 공포 때문에 미친 사람 같았다. 그들은 당황하여 달려가서 있는 대로 먹을 것을 갖고 배에 올라와 콜럼버스 발밑에 엎드려 신에게 자기들을 벌하지 않도록 부탁해 달라고 애원하며 앞으로 그가 요구하는 음식은 무엇이든 갖고 올 것을 약속했다.

* 《크리스토퍼 콜럼버스 서한전집》; Select Letters of Christopher Columbus, 1870
** 어빙, 《콜럼버스의 생애와 항해》; W. Irving, The Life and Voyages of Columbus, 1890

「보라, 신의 노여움을」

콜럼버스는 선실에 들어가 신과 교섭하는 척했다. 그 사이에 원주민들은 밖에서 울부짖으며 콜럼버스에게 자신들을 버리지 말아달라고 외쳤다. 콜럼버스는 월식이 거의 끝날 때까지 기다렸다. 그리고 급히 밖으로 나와 원주민들에게 고했다. '신은 그들이 약속을 지켜서 콜럼버스에게 정기적으로 음식을 공급한다는 조건으로 그들을 용서했다. 그래서 용서한 표시로 신은 달에서 어둠을 걷을 것이다.' 즉시 달은 밝아지기 시작했다. 얼마후 달은 전과 다름없이 밝게 비췄다. 「인디언들은 콜럼버스의 말을 믿고 앞으로 계속해서 음식을 그에게 갖고 올 것을 약속했다. 그들은 내가 식량을 실어 보낸 배가 도착할 때까지 그렇게 했다」고 멘데즈는 기록하고 있다.

이 이야기는 거의 같은 시기에 세 사람에 의하여 처음으로 이야기되었다. 그것은 콜럼버스의 아들 페르디난도(Ferdinando, 그는 이 항해에 아버지와 동행했다), 라스카사스(Las Casas) 사교(司敎), 디에고 멘데즈 세 사람이다. 멘데즈는 그해 2월 29일에는 콜럼버스가 있는 곳에 있지 않았기 때문에 풍문을 듣고 썼다. 페르디난도와 사교는 멘데즈보다 낫지만 콜럼버스가 쓴 편지나 논문에 포함된 정보에 근거를 두고 이야기를 썼다. 다만 콜럼버스 자신은 우리가 생각해도 일을 과장해서 말하는 사람이라고 생각할 수밖에 없다.

몇몇 작가들도 그들의 소설에서 일식과 월식을 마찬가지로 쓰고 있다. 예를 들면 마크 트웨인(Mark Twain, 1835~1910)의《아더 왕 궁정의 한 코네티컷 출신 미국인(A Connecticut Yankee in king Arthur's Court)》과 빅토리아 시대의 유명한 소설가 라이더 해거드(Sir. Henry Rider Haggard, 1856~1925)의《솔로몬 왕의 보고(King Solomon's Mines)》가 그것이다.

23. 우리에게 열하루를 돌려다오

율리우스력의 구조

유럽제국은 1000년 이상이나 〈율리우스력(Julian Calendar)〉이라는 달력을 사용해 왔다. 이 달력은 이름 그대로 로마의 율리우스 카이사르(Julius Caesar, B.C. 100?~44)의 명령으로 만들어진 것으로 1년의 평균길이를 365+1/4로 보고 이것을 바탕으로 정했다. 달력에 1/4일을 둘 수 없기 때문에 4년 중 3년은 1년의 길이를 365일(평년)로 하고 네 번째 해만 366(윤년)로 해서 이것을 되풀이하여 사용하도록 되어 있다. 천문학자들은 1년 중에서 밤의 길이와 낮 길이가 세계 어디서나 같아지는 날은 이틀 밖에 없다는 것을 알고 있었다. 하나는 3월에 있어 이것을 〈춘분〉이라 하고, 다음 하나는 9월에 있어 이것을 〈추분〉이라고 한다. 카이사르가 달력을 변경했을 때 당시의 달력에 의하면 춘분은 3월 25일이었다. 그래서 카이사르는 새 달력에서도 춘분이 3월 25일이 되도록 정했다.

그리스도교회의 지도자들은 율리우스력에 크게 관심을 나타냈다. 중요한 종교상의 연중행사, 특히 부활제의 날을 확정할 필요가 있었기 때문이다. 4세기 초가 되자 부활제를 축하하는 날짜를 둘러싸고 많은 토론이 전개되었다. 서기 325년에 니캐아(Nicaes)에서 성직자 회의가 개최되었는데 그때는 다른 문제와 더불어 부활제의 날짜가 검토되었다. 지금은 니캐아 회의(Council of Nicaca)로 불리는 이 회의에서 부활제의 날을 춘분 다음의 보름달 뒤의 첫 일요일로 할 것을 결정했다.

당시는 카이사르가 달력을 정할 때 조언한 사람들이 1년의 길이를 미소하나마 잘못 계산한 것을 알고 있었다. 그들의 계산으로는 원래 길이보다 11분 조금 더 길었다. 1년에 11분이면 아주 작은 오차로밖에는 보이지 않으나 매년 11분씩 쌓여 간다면 몇 백 년 지나는 사이에는 며칠이 된다. 서기 325년에는 진짜 춘분은 3월 21일이었으며, 율리우스력에 의하면 3월 25일이어야 하는데 4일이 앞서버렸다. 그래서 니캐아 회의는 앞으로는 춘분을 3월 25일이 아니고 3월 21일로 할 것을 결정했다.

로마 법왕, 그레고리우스력을 정하다

해가 거듭됨에 따라 달력상의 날짜(3월 21일)는 또 다시 점점 뒤쳐져서 16세기 중엽에는 적어도 10일의 오차가 생겼다. 이 오차를 고치기 위해서 법왕 그레고리우스 13세(Gregorius XIII, 1502~1585, 즉위 1572)는 1582년 달력에 10일분을 줄여서 10월 5일을 10월 15일로 하기로 했다. 법왕은 당시 장래 다시 보정을 하지 않도록 하기 위해서 400년 동안 세 번만 윤년으로 하지 않고 평년으로 할 것, 즉 율리우스력에 비해서 400년에 3일만 달력의 날짜를 줄이기 결정했다. 즉 4년마다 윤년을 두는 것은 변함이 없으나 각 세기의 마지막 해 중에 400으로 나누어지지 않는 것만 윤년으로 하지 않는다. 예를 들면 각 세기의 끝 해 중에 기원 1600년, 2000년, 2400년 등은 관례대로 윤년이지만 1700년, 1800년, 1900년, 2100년은 평년으로서 길이는 365일이 된다. 이렇게 고친 달력은 1만년에 3일밖에 틀리지 않게 되며 이만큼 정확하면 실용상 어떤 목적에도 지장은 일어나지 않는다. 이 새로운 달력은 〈그레고리우스력

(Gregorian Calender)〉이라 불리게 되었다.

영국의 신력 채용

유럽 여러 나라의 대부분은 곧 이 달력을 채용했으나 소련, 그리스, 스웨덴, 영국*은 예외였다. 많은 프로테스탄트는 이 새로운 달력은 바티칸 궁전(Vatican) 벽(壁) 안에서 법왕 개인의 사정으로 억지로 만든 것이기 때문에 일절 상관할 바가 아니라고 생각했다.

엘리자베스 치하의 영국에서 대감독이나 감독은 이렇게 보고했다. 『이 문제로 법왕에게 굴복하면 세상 전체로부터 경멸당하고 손가락질을 받을 것이다. 왜냐하면 이후 사람들이 우리 목사들은 다른 일로도 쉽사리 법왕에게 굴복할 것이라고 생각할 것이 틀림없기 때문이다.』 그들은 이렇게 주장했다. 『법왕은 현실적으로 우리 국가와 우리 신앙의 적인데—그는 우리의 여왕을 파문했다— 그런 자에게 무엇을 받는다는 것은 더럽고 수치스럽기 짝이 없다.』 그래도 새로운 그레고리우스력의 채용을 지지하는 의안이 하원에 제출되었다. 그러나 그것은 의회에서 첫 번째와 두 번째 독회(讀會)를 가졌을 뿐 이후 '소리도 없이 자취를 감추었다.' 그리고 율리우스력은 그 후 200년 동안이나 계속 사용되었다.**

많은 사려 깊은 영국 사람들에게는 점점 달력을 바꿀 필요가 있음이 명백해졌다. 천문학에 큰 진보가 있었으나 영국의 천문학자는 부정확한 달력을 사용하고 있었기 때문에 불리한 입장에 놓였다. 외국에 나간 사람들은 날짜에 관하여 여러 가지 혼

---

* 스코틀랜드는 1600년 1월 1일부터 그레고리우스력을 채용했다.
** 《젠틀맨즈 매거진》; Gentleman's Magazine, 1851. 11.

란을 겪었다. 이 혼란은 외교상의 문제, 특히 문서, 협정, 중소 등에 날짜를 넣을 때 일어났고 참으로 귀찮았다. 이런 여러 가지 이유에서 체스터필드 백작(4th Earl of Philip Dormer Stanhope Chesterfield, 1692~1773)이 1751년에 달력을 고치자는 결의안을 의회에 제출했다.

그해의 춘분은 영국에서 사용되고 있던 달력에 의하면 달력의 날짜(3월 21일)보다 11일이나 앞서서 일어나 버렸다. 이 11일을 처분하기 위해서 체스터필드 백작은 1752년 9월 2일의 다음날을 1752년 9월 13일로 하고, 그 뒤는 그레고리우스력을 사용하자고 제안했다. 이 의안은 의회에서 거의 반대 없이 통과하여 법률이 되었다. 따라서 9월 3일에서 13일까지의 11일간은 영국에서 'Day is none'(제외된 날, 휴정일, 휴업일의 뜻도 있음)이 되었다. 새로운 달력은 가톨릭적 명칭 〈그레고리우스력〉을 피하고 〈신력(New Style)〉이라 불리게 되었다.

그러나 의회 밖에서는 대중의 감정이 고조되고 있었다. 특히 개력의 필요를 잘 이해하지 못하는 사람들 사이에 불안과 노여움이 폭발했다. 많은 사람은 이 개력을 가톨릭의 음모가 아닌가 의심했고 1721년에는 가톨릭에 반대하는 좋지 못한 감정이 높아지고 있었다. 사람들은 아직 자코바이츠(Jacobites) 반란을 기억하고 있었으며 특히 불과 5년 전에 왕위를 요구했던 가톨릭의 보니 프린스 찰리(Bonnie Prince Charlie)가 영국에 침입하여 더비까지 다가온 것을 잊지 않았다〔크롬웰* 혁명 후 왕정이 회복되자 찰스 2세(Chrles Ⅱ, 1630~1685, 재위 1660~1685)의 뒤를 이어 1685년에 명예혁명이 일어나서 오렌지 공 윌리엄이 추대되

* Oliver Cromwell, 1599~1658

어 국왕 윌리엄 3세가 되고, 제임스는 프랑스로 도망했다. 그러나 제임스는 왕위에 복귀하려는 야망을 버리지 않고 프랑스 왕의 원조를 얻어 영국왕위를 전복시키려는 잦은 음모를 꾸몄다. 이 제임스를 지지하는 일파를 자코바이츠라 한다. 이것은 제임스의 라틴어 야코부스(Jacobus)에 연유한 것으로 제임스당이란 뜻이다. 자코바이츠는 1715년, 1745년에 큰 반란을 일으켰는데 1745년 반란 때는 제임스 2세의 손자 찰스 에드워드(Charles Edward, 보니 프린스 찰리라 불렸던 것은 이 사람이다)가 스코틀랜드에 상륙하여 스코틀랜드 고지 사람으로 조직된 병사를 이끌고 잉글랜드에 침입하였으나 결국 격퇴당했다].

옛 달력이 얼마나 틀리는지 그 날짜를 알아내는데 필요한 계산을 한 것은 먹레스필드 백작(Earl of Macclesfield, 훌륭한 수학자), 제임스 브래들리(James Bradley, 1693~1762, 왕립천문학자, 광행차, 장동의 발견으로 유명), 왐즐리 신부[Walmesley, 수학적 재능이 훌륭했던 예수회(Society of Jesus)의 신부] 세 사람이었다. 가톨릭신부를 뽑아서 계산을 거들게 한 것은 현명한 일은 아니었다. 그 때문에 더욱 많은 사람이 개력은 법왕에 의해서 꾸며진 것이라고 생각하게 되었기 때문이다.

불안을 일으키는 이유는 종교 이외에도 있었다. 예를 들면 많은 지주, 소작인, 상인은 금전거래에 관계된 날짜가 바뀌면, 지대(地代), 차지계약(借地契約), 환어음, 부채의 환불 등에 여러 가지 어려움이 일어날 것을 알았다. 성자의 날이며 종교상의 축제일의 날짜를 변경하는 것은 극히 불경하다는 소리도 많았다. 그러나 가장 어렵게 된 것은 많은 사람이 의회가 달력에서 깎아버린 11일만큼 수명이 짧아졌다고 참으로 믿는 것이었다.*

---

* 브렌든, 《영국사사전》; J. A. Brendoa, A Dictionary of English

212

의회에서 이 변경을 제안한 체스터필드 경은 『모든 사회계층으로부터 온 많은 무지한 반대와 싸우지 않으면 안 되었는데 의안이 통과된 다음에는 거리에서 '우리들에게 11일 되돌려다오(Give us back out Eleven Days)'하고 야유하고 떠들면서 나의 뒤를 줄줄 따라다니는 무리와도 싸우지 않으면 안 되었다』고 했다.*

개력 선거의 쟁점이 되다

당시의 잡지나 신문은 개력에 얽힌 소동이나 불안에 대해서는 거의 아무것도 말하고 있지 않으나, 그 부르짖음은 아마 1754년 옥스퍼드셔(Oxfordshire)의 의회선거에서 선거 슬로건의 하나로 쓰인 것 같다. 후보자의 한 사람인 파커 경(Sir. Thomas Parker, Ⅰst Earl of Macclesfield, 1666~1732)은 새로운 달력의 도입에 뚜렷한 공헌을 한 먹레스필드 백작의 아들이었다. 그의 정적의 선거 팸플릿에는 그의 당파가 달력을 변경한 것을 욕하는 운문이며 서투른 시가 실려 있었다. 그중 하나는 파커경의 일파가 선조전래의 시간을 훔쳤다고 비난했다. 또 하나는 그로 말미암아 크리스마스 날짜가 바뀌었다는 사실에 다음과 같은 노래가 나왔다.

『그들은 우리들의 시간을 주물러 바꿔버렸다. 헌 크리스마스가 내쫓겼으니 저놈도 함께 쫓아버리자.』

1755년에 영국의 화가이며 판화가인 윌리엄 호가드(William

History, 1937
* 《젠틀맨즈 매거진》

호가드 작 《선거 슬로건》

Hogarth, 1697~1764)는 《선거(Election)》라고 이름 붙인 유명한
시리즈를 냈다. 그는 아마 그림들의 대부분을 옥스퍼드셔의 선
거 때 보고 들은 것을 바탕으로 하여 그린 것 같다. 그는 항상
다시 떠들썩했던 사건이나 스캔들을 소재로 했으므로 '우리들
에게 11일을 되돌려다오.'라고 하는 외침을 의례 놓쳤을 리 없
었다. 판화 한 장을 그림에 소개했는데 오른쪽 아래에 그 외침
이 적힌 깃발이 보인다. 이 부분에 붙여진 설명은 다음과 같다.
'그것은 청색 깃발로 아마 혁신의 폭한이 토리 당(Tory)의 행렬

에서 빼앗아 왔을 것이다. 그는 그때 머리가 깨져서 진(Gin)으로 상처를 치료받고 있었다.'*

훨씬 뒤에 계산을 도운 천문학자 브래들리는 오랜 투병 끝에 죽었다. 많은 사람은 그의 고통을 '그 사건에서 몹쓸 역할을 했기 때문에 천벌이 가해진 것'으로 생각했다. 즉 부활절의 날짜와 같은 신성한 일을 함부로 주무른 응보라는 것이었다.

브래들리가 심한 정신장애 끝에 오랜 병으로 죽은 것은 사실이다. 그러나 그의 건강이 심각하게 악화된 것은 개력이 있은 뒤 적어도 9년 후였고 그 원인은 과로 때문이었다.**

지금도 남아 있는 개력의 여파

신력이 도입되고 나서 100년 후에 《더 타임즈(The Times)》는 신력에 관한 재미있는 기사를 실었다. '〈달력〉이 변경되어 11일이 줄어들고 100년이 된다. 당시는 사람들의 수명이 그만큼 단축된 것이라고 정말로 믿었던 것이다.' 계속해서 이 신문은 영국인의 생활에 지금도 그 영향을 찾아 볼 수 있는 법률의 재미있는 특색을 들었다.

『〈구력(舊歷)〉은 지금도 우세를 유지하고 있다. 그뿐 아니라 더욱 이상하게 생각되겠지만 그것은 대장성의 회계 연도 안에 살아남아 있다. 크리스마스의 배당이 열두 번째의 날까지(즉, 크리스마스 다음날부터 11일간) 정당하게 간주되지 않은 것은 이 때문이다.』***

신력을 도입한 법률은 동시에 신년의 제 1일을 그때까지와

---

* 퀘넬, 《호가드의 전진》; P. Quennel, Hogarth's Progress, 1955
** 《영국전기사전》
*** 《더 타임즈》; The Times, 1851. 2. 16.

같이 3월 25일 아닌 1월 1일로 정했다. 그러나 회계법 상으로는 완전한 1년간을 구분하는 것이 반드시 필요하기 때문에 1752~1753년의 회계 연도는 3월 25일에 끝나지 않고 11일을 첨가하여 4월 5일에 끝나는 것으로 결정했다. 이 법률이 시행되고서부터 지금까지 모든 사람들의 납세고지서에서 알 수 있는 것처럼 영국의 회계 연도는 매년 4월 6일에 시작해서 다음해 4월 5일에 끝난다.

24. 콜럼버스와 달걀

콜럼버스의 고심

발견은 얼핏 보아서 극히 단순하게 보이는 것이 많다. 설명을 들은 뒤에는 왜 우리가 스스로 그것을 생각하지 못했나 하고 이상하게 생각하는 일도 종종 있다. 그 때문에 우리는 때로는 발견자를 경시하여 '저 사람은 그렇게 특별한 일을 한 것은 아니다.'라고 말할 때조차 있다. 알고 난 뒤에 같은 것을 되풀이하는 것은 쉽다. 그 유명한 예가 '콜럼버스와 달걀'이다. 그러나 이 이야기의 뜻을 충분히 알기 위해선 콜럼버스가 처음 그의「인도로 가는 모험사업」의 비용을 조달하려고 얼마나 악전고투 했는가를 생각하지 않으면 안 된다.

그는 몇 년에 걸쳐서 유럽 여러 나라 왕들을 설득하여 자기에게 한 선단을 만들어 주고 식량과 장비를 지급해 달라고 청하였으나 효과가 없었다. 에스파냐 왕 페르디난드(Feridinand)와 그의 아내 이사벨라(Isabella)가 흥미를 나타내기 시작하였으나 그때 전쟁이 일어나서 그들의 눈은 전쟁 쪽으로 쏠리고 있었다. 콜럼버스는 그들의 조력을 얻으려고 6년 이상을 에스파냐에서 지냈다. 그 사이에 그는 심한 고생, 빈곤, 심지어 조소까지 참아야만 했다. 그는 세 차례 왕과 여왕을 거의 설득시킬 뻔 했으나 언제나 최후의 순간에 무슨 일이 생겨 그들의 도움을 받을 수 없었다.

마침내 그는 영원히 에스파냐를 떠날 결심을 하고 출발을 위한 최후의 준비를 하고 있을 때 여왕이 그의 제안에 대해 좀 더 자세히 듣고 싶어 한다는 말을 들었다. 콜럼버스는 기꺼이 여왕에게 자신이 무엇을 하고 싶어 하며 무엇이 필요한지를 설명했다. 마침내 왕이 탐험준비를 모두 갖추도록 명하였기 때문에 그는 무척 기뻐했다. 1492년 8월 3일 콜럼버스와 그의 선단은 「서방의 육지」를 찾아서 해도에 실려 있지 않은 대륙을 목표로 출발했다.

콜럼버스, 달걀을 세우다

콜럼버스의 항해는 대성공이었고 귀국하자 놀라운 환영을 받았다. 가는 곳마다 그는 국민적 영웅으로 추앙되었다. 그는 바르셀로나(Barcelona)의 궁정에서 왕과 여왕의 영접을 받았는데 두 사람은 모두가 의식을 볼 수 있게 특별히 실외에 설비한 옥좌에 앉았다. 왕후, 귀족, 성직자 모두가 함께 참석했다. 콜럼버스가 그들 앞에 꿇어 엎드리려고 할 때 왕은 그에게 그렇게 할 필요가 없다고 제지하고 좌석에 앉도록 명했다. 이것은 지나치게 격식을 차리는 에스파냐 궁정에 있어서는 파격적인 명예였다.

국왕의 첫째 신하로 교회의 수장(首長)인 에스파냐의 추기경이 콜럼버스의 성공을 축하하며 연회를 베풀었다. 거기에는 많은 그란데(돈 많은 대지주), 문벌 좋은 정신(廷臣), 고위성직자들이 출석했다. 그중에는 '한 외국 사람이 그렇게 많은 명예와 그렇게 많은 영광을 에스파냐 왕국뿐만 아니라 세계 각국에서 얻게 된 것을 시기하는 사람들도 많이 있었다.'* 화제의 중심은 당시의 토픽인 인도제도였다. 어느 출석자는 콜럼버스의 빛나

---

* 벤조니, 《신세계의 역사》; G. Bezoni, A History of the New World, 1572

콜럼버스의 달걀

는 성과를 깎아내리려고 애쓰며 이렇게 말했다.

『콜럼버스 씨, 가령 당신이 인도제도를 발견하지 않았다 해도 우리나라 에스파냐의 누군가가 기필코 당신과 같은 시도를 하였을 것이요. 우리나라에는 세계지리와 문학 방면에 훌륭한 인물들이 많이 있으니 말이요.』

콜럼버스는 그 말에는 대답하지 않고 달걀을 하나 갖고 오게 하고 나서 말했다.

『신사 여러분, 나는 내기를 걸겠습니다. 어느 분이라도 좋습니다. 이 달걀을 아무것도 쓰지 않고 세워 보시오. 틀림없이 당신들 중 그 누구도 못 할 테지만 나는 해낼 것입니다.』

그들은 모두 시도해 보았으나 아무도 세우지 못했다. 최후에 콜럼버스의 차례가 왔다. 그는 「한쪽 끝을 테이블에 쳐서 조금 오므라들게 하여 그것을 밑으로 하였기 때문에 달걀은 넘어지지 않았다.」

손님들은 달걀이 오므라진 끝을 밑으로 하여 서 있는 것을 보고

『그가 무엇을 말하고 싶어 했는지 알고 당황했다. 그것은 행동이 취해진 뒤라면 누구든지 따라할 수 있다는 것이었다. 즉 그런 말을 하려면 그들이 먼저 인도제도를 찾으러 갔거나 맨 처음 그것을 찾으러 가려고 했던 그를 비웃지 말아야 했는데도 실제로는 그들은 오랫동안 그것을 불가능한 것으로 비웃고 어이없어 했다는 것이다.』

브루넬레스코와 달걀

이 이야기가 처음으로 인쇄물에 실린 것은 이탈리아 사람 지롤라모 벤조니(Girolamo Benzoni)가 1565년에 쓴 『신세계의 역사(A History of New World)』인 것 같다. 벤조니 자신은 그 연회에 출석하지 않았고 풍문에 의해서 쓴 것이라고 다음과 같이 말하고 있다. '콜럼버스가 인도제도를 발견한 뒤 그러한 일이 일어났다고 들었기 때문에 여기에 소개하는 것이 잘못된 일은 아니라고 생각한다. 그 「달걀 세우기」는 예전부터 다른 방법으로 해왔으나 당시에는 신기했다.' 그러나 그보다 불과 15

년 전인 1550년에 역시 이탈리아 사람인 바사리(Giorgis
Vasari, 1511~1572)가 어떤 건축가에 대한 같은 예의 일화를
말하고 있다.

바사리의 이야기는 13세기 마지막 몇 해에 피렌체(Firenze,
Florence)의 교회 지도자들이 이 번영하고 있는 중요한 도시에
잘 어울리는 대사원을 건립할 것을 결정한 데서부터 시작한다.
공사는 1296년에 시작되었으나 1세기 이상 지났는데도 건물은
아직 완성되지 않았다. 최초의 건축가는 넓은 경간(Span)에 걸
치는 돔(Dome) 또는 큐폴라(Cupola, 원형의 지붕)라 불리는 곡
선을 이룬 지붕을 설계했다. 그러나 그는 돔이 만들어지기 전
에 사망하였고 자신의 방법을 부구에게도 전승하지 않았다. 작
은 넓이를 덮는 돔이라면 대부분의 건축가들이 세우는 법을 알
고 있었으나 이렇게 넓은 곳에 돔을 만들어 세우는 것은 아무
도 할 수 없었다. 다음 1세기 동안 그것을 만드는 방법이 되풀
이되어 연구되었으나 하나도 성공하지 못했다.

1407년 당국은 대사원을 완성하기 위하여 전력을 기울이기
로 결정했다. 공사관계자들을 불러 회의를 열고 많은 나라의
건축가들이 참석한 가운데 돔을 완성할 수 있는 가장 좋은 방
법이 무엇인가를 둘러싸고 오랜 토론을 반복했다.

필리포 브루넬레스코(Filippo Brunellesco, 1377~1440)라는
젊은 건축가는 훨씬 전부터 이 문제를 연구하고 있었다. 그는
설계도를 그리고 모형까지 만들어 큰 돔을 반드시 만들 수 있
다는 것을 확신했다. 그러나 많은 유명한 건축가들이 실패한
뒤였으므로 무명의 젊은 그가 꼭 성공한다는 것을 사람들에게
믿게 하기는 쉬운 일이 아니었다.

222

   브루넬레스코는 그 집회에 출석은 하였으나 바로 자신의 방법을 설명하거나 설계도와 모형을 보이지는 않았다. 왜냐하면 '그는 자신에게 질투와 불신의 화살이 행해지리라는 것은 완전히 의식하고 있었고, 자기 발명의 공적을 다른 한 무리의 건축가들에게 나누어주기 싫었기 때문에 그 일이 주어지지 않는 한 자신의 비밀을 발설하지 않기로 결심'하였기 때문이다. 건축청부업자나 다른 건축가 대부분은 이 일을 브루넬레스코에게 맡기는 것을 강력히 반대하면서 그전에 그들이 그의 방법을 철저하게 조사하여 설계도를 검토하는 것이 마땅하다고 주장했다.
   그때 브루넬레스코는 다음과 같은 방법으로 그들을 설득할 것을 생각했다. 그는

   『거기에 모인 모든 청부업자나 같은 나라 사람들에게 이렇게 제안했다. 미끄러운 대리석 위에 달걀을 똑바로 세울 수 있는 사람이 돔 건설공사를 맡아야 된다. 왜냐하면 달걀을 세우는 것으로 그 사람의 재능이 밝혀질 것이기 때문이다. 그리하여 그들은 달걀을 하나씩 갖고, 어느 청부업자나 그것을 세우려고 필사적이었으나 누구 하나 그 방법을 발견하지 못했다. 처음 말한 사람이 세워 보라는 말이 나왔고 브루넬레스코는 달걀을 손에 가만히 쥐고 끝을 대리석에 때려서 똑바로 세웠다. 그것을 보고 예술가들은 소리 높여 그렇게 한다면 자기들도 할 수 있었다고 항의했다. 그러나 브루넬레스코는 웃으면서 대답했다. '내가 큐폴라를 만드는 방법을 당신들에게 보여 드린 뒤에는 확실히 당신들도 내가 알고 있는 것과 같은 일을 할 수 있을 것입니다'라고.』*

* 바사리, 《이탈리아의 뛰어난 화가, 조각가, 건축가의 생애》; G. Vasri, Le Vite de' piu eccelenti, architetti pitton, et scultori italani, 1550

바사리는 브루넬레스코에게 공사가 맡겨진 지 약 130년 뒤에 이 이야기를 썼다. 달걀이야기가 이것보다 먼저 전해진 예는 없는 것 같다. 앞에서 얘기한 것과 같이 벤조니는 그 전에 다른 방법으로 달걀을 세운 예가 있다는 것을 들었다고 말하고 있다. 어떤 일화를 한 사람의 유명한 인물에서 다른 인물로 옮기는 것은 그렇게 드문 일은 아니다. 따라서 벤조니가 브루넬레스코에 관한 일화를 적당히 손질하여 콜럼버스에게 옮겼을 가능성을 완전히 부정할 수 없다. 물론 바사리 자신도 그것을 누군가 알려지지 않은 사람으로부터 옮겼을 가능성도 있다. 아무튼 브루넬레스코가 돔 건설공사를 맡아 그것을 훌륭하게 완성한 것은 의심할 바가 없다.

콜럼버스와 달걀이야기는 과학의 발견이 꼭 겉보기처럼 간단한 것이 아니라는 것을 생각하게 하는 좋은 예로서 과학논문에서도 곧잘 인용된다. 《과학사의 뒷얘기》에서는 사고나 우연의 결과로밖에 생각되지 않는 발견들을 많이 취급했다. 그러나 발견의 경위나 발견자의 배경을 면밀하게 조사해 보면 다가온 우연의 기회를 잘 이용한 사람은 극히 몇 사람 밖에 없었다는 것이 확실해진다. 파스퇴르(Louis Pasteur, 1822~1895)가 말한 대로 '기회는 준비가 있는 사람에게만 베풀어진다'는 것이다.

역자후기

인류가 오늘날과 같은 과학기술의 발달을 가져오기까지에는 무한한 시간과 무수한 사람들의 노력과 희생이 강요되었다. 즉 시간상으로는 선사시대에서 현대에 이르는 동안, 공간적으로는 거시적 세계인 우주로부터 미시적 세계인 원자핵 내부에 이르기까지 시·공간을 통한 인류의 환경을 이해하고 지배하려는 인간의 줄기찬 노력의 과정으로 이룩되었다. 그러므로 오늘날 과학기술의 성립과정을 모르고는 현대를 이해할 수 없는 것이다. 그리하여 최근 여러 가지 동기로 과학사(科學史)에 흥미를 느끼는 사람들이 놀랄 정도로 증가하고 있다.

한편 과학사는 교육적인 측면에서는 매우 큰 가치를 지니고 있다. 그것은 어떤 원리나 학설의 성장과정을 더듬어 봄으로써 한층 더 알기 쉽게 되고 더 깊이 이해할 수 있기 때문이다.

이 책은 저자가 머리말에서 밝힌 바와 같이 과학사의 교육적 이용을 스스로 실천하기 위하여 과학기술사(科學技術史)에서 재미있는 이야기, 우스운 이야기를 비롯하여 뜻밖의 발견이나 발명에 중점을 두고 40년간이란 시간동안 많은 자료를 모아 저술한 것이다. 여러 가지 참고문헌과 자료를 근거로 하여 24개의 상황에 대하여 발견과 발명의 성립과정을 비롯하여 과학자들의 배경이 되는 사회 분위기, 경제 동향까지도 생생하게 기술하고 있다. 특히 종래의 전설에 대하여 믿을 만한 자료를 근거로 비판하고 그 진위를 가려냈다. 그리고 유명한 과학자들의 위대한 업적도 많이 등장하나 그리 이름이 알려지지 않은 「서민적」인 과학자들의 역할과 에피소드를 많이 취급했다는 점에서 그 교육적 가치와 읽을거리로서의 매력이 있다고 생각한다.

이 책은 과학사에 흥미가 있는 사람들과 저자처럼 수업내용을 풍부하게 하려는 교사들에게 매우 유익하리라 믿으며 또 기대하는 바이다.

번역을 하면서 모든 시대의 각양각색의 사건과 인물, 지명 등이 많이 나와 천학비재(淺學菲才)한 역자에게는 큰 고통이었다. 모르는 것은 사전이나 선배, 친구들의 가르침을 받았으나 뜻하지 않은 잘못이 많을 것이라 생각된다. 독자 여러분의 많은 조언과 지도를 바란다. 부족한 원고를 다듬고 보충하여 이만한 책을 만들어주신 전파과학사 한명수 선생님의 호의는 잊을 수 없을 것이다. 또한 손영수 사장님과 각별한 지기이며 저명한 과학물집필가인 日本平凡社 편집국의 이찌바 야스오(市場泰男) 선생이 원서, 참고자료 등을 보내주신 데 진심으로 감사한다. 끝으로 그동안 교정을 보느라고 애써준 朴明漢 조교와 孫永淑 양에게 감사의 뜻을 표하는 바이다.

辛李善

과학사의 뒷얘기 4

과학적 발견

초판 1쇄 1974년 04월 15일
개정 1쇄 2019년 04월 15일

지은이 A. 섯클리프 · A. P. D. 섯클리프
옮긴이 신효선
펴낸이 손영일
펴낸곳 전파과학사
주소 서울시 서대문구 증가로 18, 204호
등록 1956. 7. 23. 등록 제10-89호
전화 (02)333-8877(8855)
FAX (02)334-8092
홈페이지 www.s-wave.co.kr
E-mail chonpa2@hanmail.net
공식블로그 http://blog.naver.com/siencia

ISBN 978-89-7044-873-2 (03400)
파본은 구입처에서 교환해 드립니다.
정가는 커버에 표시되어 있습니다.

도서목록
현대과학신서

A1 일반상대론의 물리적 기초
A2 아인슈타인 I
A3 아인슈타인 II
A4 미지의 세계로의 여행
A5 천재의 정신병리
A6 자석 이야기
A7 러더퍼드와 원자의 본질
A9 중력
A10 중국과학의 사상
A11 재미있는 물리실험
A12 물리학이란 무엇인가
A13 불교와 자연과학
A14 대륙은 움직인다
A15 대륙은 살아있다
A16 창조 공학
A17 분자생물학 입문 I
A18 물
A19 재미있는 물리학 I
A20 재미있는 물리학 II
A21 우리가 처음은 아니다
A22 바이러스의 세계
A23 탐구학습 과학실험
A24 과학사의 뒷얘기 1
A25 과학사의 뒷얘기 2
A26 과학사의 뒷얘기 3
A27 과학사의 뒷얘기 4
A28 공간의 역사
A29 물리학을 뒤흔든 30년
A30 별의 물리
A31 신소재 혁명
A32 현대과학의 기독교적 이해
A33 서양과학사
A34 생명의 뿌리
A35 물리학사
A36 자기개발법
A37 양자전자공학
A38 과학 재능의 교육
A39 마찰 이야기
A40 지질학, 지구사 그리고 인류
A41 레이저 이야기

A42 생명의 기원
A43 공기의 탐구
A44 바이오 센서
A45 동물의 사회행동
A46 아이작 뉴턴
A47 생물학사
A48 레이저와 홀러그러피
A49 처음 3분간
A50 종교와 과학
A51 물리철학
A52 화학과 범죄
A53 수학의 약점
A54 생명이란 무엇인가
A55 양자역학의 세계상
A56 일본인과 근대과학
A57 호르몬
A58 생활 속의 화학
A59 셈과 사람과 컴퓨터
A60 우리가 먹는 화학물질
A61 물리법칙의 특성
A62 진화
A63 아시모프의 천문학 입문
A64 잃어버린 장
A65 별·은하 우주

도서목록
BLUE BACKS

1. 광합성의 세계
2. 원자핵의 세계
3. 맥스웰의 도깨비
4. 원소란 무엇인가
5. 4차원의 세계
6. 우주란 무엇인가
7. 지구란 무엇인가
8. 새로운 생물학(품절)
9. 마이컴의 제작법(절판)
10. 과학사의 새로운 관점
11. 생명의 물리학(품절)
12. 인류가 나타난 날 I (품절)
13. 인류가 나타난 날 II (품절)
14. 잠이란 무엇인가
15. 양자역학의 세계
16. 생명합성에의 길(품절)
17. 상대론적 우주론
18. 신체의 소사전
19. 생명의 탄생(품절)
20. 인간 영양학(절판)
21. 식물의 병(절판)
22. 물성물리학의 세계
23. 물리학의 재발견〈상〉
24. 생명을 만드는 물질
25. 물이란 무엇인가(품절)
26. 촉매란 무엇인가(품절)
27. 기계의 재발견
28. 공간학에의 초대(품절)
29. 행성과 생명(품절)
30. 구급의학 입문(절판)
31. 물리학의 재발견〈하〉
32. 열 번째 행성
33. 수의 장난감상자
34. 전파기술에의 초대
35. 유전독물
36. 인터페론이란 무엇인가
37. 쿼크
38. 전파기술입문
39. 유전자에 관한 50가지 기초지식
40. 4차원 문답
41. 과학적 트레이닝(절판)
42. 소립자론의 세계
43. 쉬운 역학 교실(품절)
44. 전자기파란 무엇인가
45. 초광속입자 타키온

46. 파인 세라믹스
47. 아인슈타인의 생애
48. 식물의 섹스
49. 바이오 테크놀러지
50. 새로운 화학
51. 나는 전자이다
52. 분자생물학 입문
53. 유전자가 말하는 생명의 모습
54. 분체의 과학(품절)
55. 섹스 사이언스
56. 교실에서 못 배우는 식물이야기(품절)
57. 화학이 좋아지는 책
58. 유기화학이 좋아지는 책
59. 노화는 왜 일어나는가
60. 리더십의 과학(절판)
61. DNA학 입문
62. 아몰퍼스
63. 안테나의 과학
64. 방정식의 이해와 해법
65. 단백질이란 무엇인가
66. 자석의 ABC
67. 물리학의 ABC
68. 천체관측 가이드(품절)
69. 노벨상으로 말하는 20세기 물리학
70. 지능이란 무엇인가
71. 과학자와 기독교(품절)
72. 알기 쉬운 양자론
73. 전자기학의 ABC
74. 세포의 사회(품절)
75. 산수 100가지 난문·기문
76. 반물질의 세계(품절)
77. 생체막이란 무엇인가(품절)
78. 빛으로 말하는 현대물리학
79. 소사전·미생물의 수첩(품절)
80. 새로운 유기화학(품절)
81. 중성자 물리의 세계
82. 초고진공이 여는 세계
83. 프랑스 혁명과 수학자들
84. 초전도란 무엇인가
85. 괴담의 과학(품절)
86. 전파란 위험하지 않은가(품절)
87. 과학자는 왜 선취권을 노리는가?
88. 플라스마의 세계
89. 머리가 좋아지는 영양학
90. 수학 질문 상자

91. 컴퓨터 그래픽의 세계
92. 퍼스컴 통계학 입문
93. OS/2로의 초대
94. 분리의 과학
95. 바다 야채
96. 잃어버린 세계·과학의 여행
97. 식물 바이오 테크놀러지
98. 새로운 양자생물학(품절)
99. 꿈의 신소재·기능성 고분자
100. 바이오 테크놀러지 용어사전
101. Quick C 첫걸음
102. 지식공학 입문
103. 퍼스컴으로 즐기는 수학
104. PC통신 입문
105. RNA 이야기
106. 인공지능의 ABC
107. 진화론이 변하고 있다
108. 지구의 수호신·성층권 오존
109. MS-Window란 무엇인가
110. 오답으로부터 배운다
111. PC C언어 입문
112. 시간의 불가사의
113. 뇌사란 무엇인가?
114. 세라믹 센서
115. PC LAN은 무엇인가?
116. 생물물리의 최전선
117. 사람은 방사선에 왜 약한가?
118. 신기한 화학 매직
119. 모터를 알기 쉽게 배운다
120. 상대론의 ABC
121. 수학기피증의 진찰실
122. 방사능을 생각한다
123. 조리요령의 과학
124. 앞을 내다보는 통계학
125. 원주율 π의 불가사의
126. 마취의 과학
127. 양자우주를 엿보다
128. 카오스와 프랙털
129. 뇌 100가지 새로운 지식
130. 만화수학 소사전
131. 화학사 상식을 다시보다
132. 17억 년 전의 원자로
133. 다리의 모든 것
134. 식물의 생명상
135. 수학 아직 이러한 것을 모른다
136. 우리 주변의 화학물질

137. 교실에서 가르쳐주지 않는 지구이야기
138. 죽음을 초월하는 마음의 과학
139. 화학 재치문답
140. 공룡은 어떤 생물이었나
141. 시세를 연구한다
142. 스트레스와 면역
143. 나는 효소이다
144. 이기적인 유전자란 무엇인가
145. 인재는 불량사원에서 찾아라
146. 기능성 식품의 경이
147. 바이오 식품의 경이
148. 몸 속의 원소 여행
149. 궁극의 가속기 SSC와 21세기 물리학
150. 지구환경의 참과 거짓
151. 중성미자 천문학
152. 제2의 지구란 있는가
153. 아이는 이처럼 지쳐 있다
154. 중국의학에서 본 병 아닌 병
155. 화학이 만든 놀라운 기능재료
156. 수학 퍼즐 랜드
157. PC로 도전하는 원주율
158. 대인 관계의 심리학
159. PC로 즐기는 물리 시뮬레이션
160. 대인관계의 심리학
161. 화학반응은 왜 일어나는가
162. 한방의 과학
163. 초능력과 기의 수수께끼에 도전한다
164. 과학·재미있는 질문 상자
165. 컴퓨터 바이러스
166. 산수 100가지 난문·기문 3
167. 속산 100의 테크닉
168. 에너지로 말하는 현대 물리학
169. 전철 안에서도 할 수 있는 정보처리
170. 슈퍼파워 효소의 경이
171. 화학 오답집
172. 태양전지를 익숙하게 다룬다
173. 무리수의 불가사의
174. 과일의 박물학
175. 응용초전도
176. 무한의 불가사의
177. 전기란 무엇인가
178. 0의 불가사의
179. 솔리톤이란 무엇인가?
180. 여자의 뇌·남자의 뇌
181. 심장병을 예방하자